세상에 나쁜 곤충은 없다

플라스틱 먹는 애벌레부터 별을 사랑한 쇠똥구리까지
우리가 몰랐던 곤충의 모든 것

세상에
나쁜 곤충은
없다

안네 스베르드루프-튀게손 지음

조은영 옮김

웅진 지식하우스

가장 미미한 생명 안의 자연이 가장 위대하다.

— 가이우스 플리니우스 세쿤두스, 『박물지』 11권, 1장 4절(79년경)

머리말

나는 어릴 때부터 야외, 특히 숲에서 시간 보내기를 좋아했다. 그 중에서도 도심에서 멀리 떨어져 인적이 드물고 현대문명의 자취를 찾아볼 수 없는 곳, 살아 있는 어떤 인간보다 나이 많은 나무들과 생기 넘치는 이끼 위로 거꾸러진 나무들이 가득한 곳이 좋았다. 생명이 영원한 윤회의 춤을 출 때 이들은 패배의 침묵 속에 누워 있었다.

죽은 나무에는 곤충들이 떼 지어 몰려온다. 나무껍질 밑에서는 나무좀이 발효된 수액으로 잔치를 한다. 나무 표면에서는 하늘소 애벌레가 기묘한 무늬를 만들고, 썩어가는 나무 속에서는 철사벌레(철선충)가 움직이는 모든 것을 탐욕스럽게 낚아챈다. 무수한 곤충, 균류, 세균이 죽은 물질을 분해하고 새 생명을 불어넣는다.

환상적인 직업 덕분에 나는 이처럼 흥미로운 주제를 연구하는 행운을 누린다. 노르웨이생명과학대학교NMBU에서 나는 지식의 전달자인 교수이자 과학자로 일한다. 새로운 연구 논문을 찾아 꼼꼼히 읽고, 강의나 연구(주제에서 핵심적인 구조를 찾고, 그 주제가 우리에게 중요한 이유를 설명하는 사례를 찾는 등의 활동)를 하고, 연구 팀의 블로그인 '곤충 생태학자'에 글을 올린다.

야외에서 일할 때도 있는데, 주로 오래되어 속이 빈 참나무를 찾아다니거나 벌목의 흔적이 다양하게 남아 있는 숲의 지도를 그린다. 이 모든 일을 멋진 동료, 학생들과 함께한다.

내가 곤충을 연구한다고 말하면 사람들은 대개 이렇게 묻는다. "말벌은 대체 좋은 점이 뭐예요?", "모기나 사슴파리가 무슨 쓸모가 있죠?" 사실 벌레들 중에는 성가신 것들도 있지만, 매일 우리의 생명을 구하려고 미력을 다하는 수많은 작은 생물들에 비하면 그 수가 무척 적다. 그래도 일단 이 골칫덩어리들로 이야기를 시작해보자. 위의 질문에 나는 세 가지로 답하겠다.

첫째, 이 거슬리는 곤충들은 자연에서 쓸모가 많다. 모기와 깔따구, 그리고 그들의 친척들은 물고기, 새, 박쥐, 그리고 다른 생물들에게 꼭 필요한 먹잇감이다. 특히 노르웨이 고지대와 최북단에 많이 서식하는 파리와 모기떼는 큰 동물들에게 아주 중요하다. 북극의 짧은 여름철에 떼 지어 다니는 이 곤충들은 커다란 순록 무리가 풀을 뜯고 흙을 짓이기고 똥의 형태로 양분을 쌓아둔 곳을 찾아냄으로써 생태계 전체에 파급효과를 미친다. 땅벌 역시 인간과 다른 동물들에게 유용하다. 땅벌은 식물의 꽃가루받이를 돕고, 해충들을 먹어 치우며, 벌매를 비롯한 많은 종의 먹이가 된다.

세상에 나쁜 곤충은 없다

둘째, 이들은 의외의 분야에서 도움이 된다. 역겹고 불쾌한 생물들도 마찬가지다. 예를 들어 검정파리blow fly는 치료하기 힘든 상처를 깨끗하게 해주고, 갈색거저리 유충인 밀웜mealworm은 플라스틱을 소화한다. 8장에서 이야기하겠지만, 과학자들은 건물이 붕괴한 사고 현장이나 심각하게 오염된 건물에서 진행하는 구조 작업에 바퀴벌레를 투입하는 방안을 연구하고 있다.

셋째, 모든 종은 생명으로서 잠재력을 온전히 성취할 수 있어야 한다. 인간은 어떤 종이 귀엽거나 유용하다, 또는 역겹거나 쓸모없다는 근시안적 판단으로 종의 다양성을 가벼이 여길 권리가 없다. 우리에게는 이 행성에 존재하는 무수한 생명을 최대한 잘 보살필 도의적 의무가 있다는 뜻이기도 하다. 눈에 보이는 가치를 창출하지 않는 생물, 털이 부드럽지 않거나 눈이 큰 갈색이 아닌 곤충, 존재할 이유가 없어 보이는 종들을 포함해서 말이다.

자연은 당혹스러울 정도로 복잡한 시스템이고, 우리 인간은 그 수백만 종 가운데 하나에 불과하다. 곤충은 이 독창적인 시스템의 중요한 일부다. 바로 이 사실이 우리 중에서 가장 작은 것들, 이 세상을 지탱하는 이상하고 아름답고 기이한 곤충들을 이 책에서 다루려는 이유다.

이 책의 앞부분에서는 곤충 자체에 관해 이야기한다. 1장은 곤충의 놀라운 다양성과 탄생 과정, 이들이 주위를 감지하는 방식을 다룬다. 주요 곤충들을 분류하는 법도 살펴볼 것이다. 2장에서는 다소 엽

기적인 곤충의 성생활을 알아본다. 다음으로 곤충과 다른 동물(3장), 곤충과 식물(4장)의 복잡한 상호작용을 자세히 파헤친다. 이 상호작용은 먹고 먹히는 일상의 투쟁 속에서 모든 생물이 자손에게 유전자를 전하기 위해 고군분투하는 과정이다. 그러나 협력의 여지는 남아 있다. 그것도 굉장히 다양하고 독특한 방식으로 말이다.

이 책의 뒷부분에서는 아주 특별한 종인 우리 인간과 곤충의 밀접한 관계를 이야기했다. 곤충이 어떻게 식량 공급에 기여하고(5장), 환경을 청소하고(6장), 꿀에서 항생제까지 인간에게 필요한 것들을 제공하는지를 다룬다(7장). 8장에서는 곤충이 주도하는 새로운 분야를 살펴보려 한다. 그리고 9장에서는 어떻게 하면 이 작은 도우미들이 잘 살아갈 수 있고, 우리가 어떻게 이들을 도울 수 있는지 알아볼 것이다. 우리 인간은 곤충에 의존해서 살아가므로 그들의 안녕은 우리에게도 중요하다. 인간에게 필수적인 꽃가루받이, 유기물 분해, 토양 형성에는 곤충이 반드시 필요하다. 곤충은 다른 동물의 먹이가 되고 해로운 생물의 수를 조절하고 식물의 종자를 퍼뜨린다. 이들이 문제를 해결해온 영리한 방법들은 인간에게도 도움이 될 뿐 아니라 새로운 영감을 준다. 곤충은 이 세계가 돌아가게 해주는 자연의 작은 톱니바퀴다.

차
례

서문: 곤충의 행성, 지구   15

1장 미물 설계도: 곤충 해부학 특강   23

서문

: 곤충의 행성, 지구

현재 지구에는 인구 한 명당 2억 마리가 넘는 곤충이 있다. 독자 여러분이 이 문장을 읽는 순간에도 세상에는 바닷가 모래알 수보다 많은 1000조에서 1경 마리의 곤충이 날고 기어 다닌다. 좋든 싫든 곤충은 우리 주위에 널려 있다. 지구는 엄연한 곤충의 행성이니까.

곤충은 상상하기도 힘들 만큼 수가 많다. 또한 숲과 호수, 들과 강, 툰드라와 산맥 할 것 없이 어디에나 있다. 강도래stonefly는 고도 6000 미터가 넘는 히말라야의 추운 고지대에 서식한다. 반면 소금파리brine fly 유충은 섭씨 50도가 넘는 미국 옐로스톤의 뜨끈뜨끈한 온천에 산다. 세계에서 가장 깊은 동굴의 영원한 어둠 속에는 눈먼 동굴깔따구cave midge가 산다. 곤충은 성당의 세례반, 컴퓨터, 기름 웅덩이, 말의 위산과 담즙에도 산다. 사막에도, 언 바다의 얼음 밑에도, 눈雪 속에도, 바다코끼리의 콧구멍에도 산다.

곤충은 모든 대륙에서 발견된다. 남극에도 곤충이 산다. 기온이 잠시라도 영상 10도 이상으로 올라가면 죽어버리는 날개 없는 깔따구 한 종에 불과하지만. 심지어 바다에도 곤충이 있다. 바다표범과 펭귄의 털가죽에는 많은 종류의 이가 사는데, 숙주가 잠수할 때도 꼭 붙어서 떨어지지 않는다. 펠리컨 부리 밑 주머니 안에 사는 이나, 여섯 다리로 평생 광활한 대양을 가로지르는 소금쟁이도 빼놓으면 안 된다.

비록 크기는 작지만 곤충의 성취는 절대 하찮지 않다. 인간이 지구에 등장하기 한참 전부터 곤충은 농사를 짓고 가축을 길렀다. 흰개미는 곰팡이를 길러서 먹고, 개미는 진딧물을 젖소처럼 기른다. 말벌은 최초로 셀룰로스에서 종이를 만들었고, 날도래caddisfly 유충은 인간이 그물을 사용하기 수백만 년 전에 이미 그물로 다른 동물을 사냥했다. 곤충은 수백만 년 전에 공기 역학과 항해의 난제를 풀었고, 인간처럼 불을 다루지는 못하지만 빛을, 그것도 몸 안에서 다룰 줄 안다.

별난 생물 다양성 총회

개체 수로 따지든 종 수로 따지든 곤충은 지구에서 가장 성공한 동물이다. 개체 수는 말할 것도 없고, 종 수로 계산해도 지금까지 알려진 다세포 생물 종의 '절반' 이상을 차지한다. 세상에는 모습이 서로

세상에 나쁜 곤충은 없다

다른 곤충이 100만 종쯤 살고 있다. 다시 말해 달력에 매달 '이달의 곤충'을 싣는다면 모두 소개하는 데 8만 년 이상 걸린다는 뜻이다.

아래와 같이 알파벳 A에서 Z를 이용해 곤충의 다양성을 표현하는 것은 매우 쉬운 일이다. 개미ant, 호박벌bumblebee, 매미cicada, 잠자리dragonfly, 집게벌레earwig, 반딧불firefly, 메뚜기grasshopper, 꿀벌honeybee, 자벌레inchworm, 비단벌레jewel beetle, 여치katydid, 풀잠자리lacewing, 하루살이mayfly, 서캐nit, 올빼미나방owl moth, 사마귀praying mantis, 여왕나비queen butterfly, 바구미rice weevil, 노린재stinkbug, 흰개미termite, 제비나방urania moth, 벨벳개미velvet ant, 말벌wasp, 하늘소xylophagous, 노란밀웜yellow mealworm, 얼룩말나비zebra butterfly.

곤충들의 종 다양성이 얼마나 폭넓은지를 간단한 사고 실험으로 알아보자. 세상에 알려진 모든 종이 크든 작든 똑같이 유엔UN 회원국 자격을 하나씩 받는다고 가정하자. 종별로 대표 한 마리씩만 총회에 참석해도 다 합하면 150만이 넘는다. 이들이 모두 모인 회의실은 말할 수 없이 비좁을 것이다.

이 '생물 다양성 유엔'에서 각 집단의 종 수에 따라 영향력과 투표권을 분배하면 새롭고 색다른 패턴이 나타날 것이다. 곤충들이 전체 투표권의 절반 이상을 차지하는 지배 세력이 되기 때문이다. 여기에는 거미, 달팽이, 회충 등은 포함하지도 않았는데, 이 종들만 해도 전체 표의 5분의 1을 차지한다. 다음으로 온갖 식물들을 합하면 대략 16퍼센트가 된다. 지금까지 알려진 균류와 지의류는 5퍼센트를 가져간다.

　그럼 인간은 회의장 어디쯤 있을까? 이런 방식으로 종 다양성을 판단하면 인류가 차지하는 부분은 얼마 되지 않는다. 말코손바닥사슴, 쥐, 물고기, 새, 뱀, 개구리 등 모든 척추동물을 하나로 쳐도 종 다양성의 3퍼센트밖에 안 되므로 인간의 세력은 여전히 미약하다. 이 말은 우리 인간이 이름 모를 아주 작은 생물에 전적으로 의존하며, 그중 상당수가 곤충이라는 뜻이다.

<h2 style="text-align:center">• ─── 난쟁이 요정과 성경의 거인 ─── •</h2>

　곤충은 다른 동물 분류군에서 찾아볼 수 없을 정도로 크기가 다양하고, 형태와 색깔도 다채롭다. 세상에서 가장 작은 곤충인 요정말벌(총채벌)은 유충 시기를 다른 곤충의 알 속에서 보낸다고 하니 얼마나 작은지 감이 올 것이다. 이들 중 키키키 후나*Kikiki huna*라는 말벌은 크기가 고작 0.16밀리미터로 너무 작아서 맨눈으로는 볼 수도 없다. '키키키 후나'라는 이름은 하와이—이 곤충이 발견된 장소 가운데 하나—사람들이 쓰는 폴리네시아어로 '아주 작은 점'이라는 뜻이다. 잘 지은 이름이다.

　이름이 더 예쁜 난쟁이 말벌도 있다. 팅커벨 나나*Tinkerbella nana*의 속명인 '팅커벨'은 『피터 팬』에 나오는 요정의 이름에서 따 왔고, 종

명인 '나나'는 그리스어로 '난쟁이'를 뜻하는 '나노스nanos'와 『피터 팬』에 나오는 개의 이름 나나를 동시에 뜻하는 일종의 말장난이다. 팅커벨 말벌은 너무 작아서 사람의 머리카락 끝에도 올라설 수 있다.

그럼 가장 큰 곤충은 무엇일까? '크다'라는 말이 무엇을 의미하느냐에 따라 승자가 달라진다. 길이로 따지면 승자는 중국의 대벌레stick insect인 프리재니스트리아 차이넨시스 자오Phryganistria chinensis Zhao다. 굵기가 사람의 둘째손가락 정도인 이 벌레는 길이가 약 62.4센티미터로 팔뚝보다 길다. 이 아종亞種의 이름은 발견자인 중국 곤충학자 자오 리Zhao Li의 이름에서 따 왔다. 리는 중국 남부 광시 지역에서 현지인들의 제보를 듣고 무려 6년간 추적한 끝에 이 거대한 대벌레를 찾아냈다.

무게로 말하면 골리앗꽃무지goliath beetle를 따라갈 곤충이 없다. 이 아프리카산 거인의 유충은 무게가 지빠귀 정도인 100그램까지 나간다. 이름은 성경에 등장하는 유명한 거인인 골리앗에서 왔다. 골리앗은 이스라엘 백성을 공포로 몰아넣지만, 다윗이라는 애송이의 무릿매 하나에—또한 높으신 분의 도움으로—죽임을 당한다.

◆───── 공룡시대를 목격한 곤충들 ─────◆

곤충은 이 땅에서 인간보다 긴 세월을 살아왔다. 누대eon, 대era, 수만 수억 년에 이르는 억겁의 시간은 쉽게 이해되지 않는다. 그래서 최초의 곤충이 4억 7900만 년 전에 처음으로 햇빛을 보았다고 말해도 별로 실감이 나지 않는다. 차라리 곤충은 공룡이 이 세상에 나타났다가 사라지는 과정을 처음부터 끝까지 목격했다고 말하는 편이 더 와닿을 것이다.

옛날 옛적 아주 오래전에 최초의 동물과 식물이 바다에서 나와 뭍으로 올라왔다. 이 사건은 지구의 생물에게 혁명과도 같았다. 이 운명적인 순간을 카메라에 담았다면 얼마나 상징적인 영상이 되었을지 상상해보라. '곤충에게는 작은 한 걸음이지만, 지구의 모든 생명체에게는 거대한 도약이다.'(처음 달에 착륙한 우주인 닐 암스트롱의 유명한 말을 응용한 것이다— 옮긴이) 안타깝지만 우리는 화석과 풍부한 상상력만으로 곤충 세계의 진취적인 사업가들을 쫓아야 한다.

초기 지구로 돌아가서 생각해보자. 모험심 넘치는 최초의 벌레들이 바다를 벗어나 새롭고 마른 땅을 살펴보기로 작정한 지 수백만 년이 지났다. 우리는 지금 고생대의 데본기에 있다. 데본기는 캄브로-실루리아기(캄브리아기, 오르도비스기, 실루리아기로 구성된 시기로 노르웨이 오슬로 주변의 석회암 지대가 만들어진 시기)와 석탄기(화석 연료에 의존하는 사회와 그에 따른 모든 부와 기후 변화의 근간이 된 시기)라는 잘 알려진 두 시대 사이에 어정쩡하게 끼어 있다. 진화는 가속 페달을 깊이 밟았고, 최초의 곤충이 현실에서 모습을 드러냈다. 그 결과 고사리, 그리고 까마귀 발 모양의 식물들 사이로 몸이 세 부분으로 나뉘고 두 개의 작은 더듬이가 달린 다리 여섯 개짜리 작은 생물 한 마리가 기어 나왔다. 바로 세계 정복을 향해 첫발을 내디딘 지구 최초의 곤충이다.

곤충과 다른 생명체의 밀접한 상호작용은 육지에서의 첫날부터 매우 중요했다. 육상식물은 돌투성이 황무지의 곤충과 벌레에게 생존 수단을 제공했고, 곤충과 벌레는 죽은 식물의 세포 조직을 이용하여 영양소를 재활용하고 새로운 식물이 성장할 수 있는 토양을 생성함으로써 서로에게 더 나은 삶의 기회를 주었다.

●━━━ 날개, 지구 정복의 비결 ━━━●

곤충이 지구에서 대성공을 거둔 가장 큰 이유 중 하나는 바로 날 수 있었기 때문이다. 하늘을 날아다니는 능력이 4억 년 전 지구에서 얼마나 환상적인 혁신이었을지 생각해보라. 날개를 단 곤충은 전혀 다른 세계에 들어섰다. 높은 곳에 있는 식물의 양분에 효율적으로 접근하고, 지상에 발이 묶인 적을 쉽게 피하게 되었다. 모험심이 강한 녀석들은 날개를 달고 새로운 초원으로 활동 무대를 넓히며 전례 없는 기회를 잡았다. 공중의 영역을 활용할 수 있다는 사실은 배우자 선택에도 영향을 미쳤다. 곤충들은 하늘 높이 있는 새로운 만남의 장에서 자신의 장점을 마음껏 과시하며 예전에는 꿈꾸지도 못했을 기회를 얻었다.

날개가 정확히 언제 처음 발달했는지는 알려지지 않았다. 가슴에서 돌출하여 태양열을 모으던 기관 혹은 뛰어오르거나 낙하한 후 자세를 바로잡아주는 기능을 하던 부속기관에서 진화했는지도 모른다. 어쩌면 아가미에서 진화했을 수도 있다. 어쨌든 중요한 건 곤충이 이 장치를 나무나 높은 식물 근처에서 활공하는 데 훌륭하게 이용했다는 점이다. 날개가 발달한 곤충은 먹이를 더 많이 구했고, 더 오래 살았고, 그 결과 더 많은 자손을 낳아 그 대단한 도구를 물려주었다. 이런 방식으로 진화는 날개를 흔한 물건으로 만들었다. 진화는 지질학적 차원에서 봐도 아주 빠른 시간 내에 나타났다.

초기 곤충들에게 날개가 얼마나 큰 성공을 가져다주었는지 실감하려면 알아야 할 사실이 있다. 이들 외에는 '다른 누구도' 날지 못했다는 점이다. 당시에는 새도, 박쥐도, 익룡도 없었다. 이 동물들은 까마득한 시간이 지난 후에 나타났다. 다시 말해 곤충은 1억 5000만 년이 넘는 시간 동안 지구의 하늘을 독점했다. 이에 비해 호모 사피엔스는 지구에서 고작 20만 년을 보냈다.

곤충은 다섯 차례의 대멸종에서도 살아남았다. 공룡은 약 2억 4000만 년 전인 세 번째 대멸종 이후 세상에 나타났다. 그러니 앞으로 곤충이 성가시다는 생각이 들면 이 동물은 공룡이 나타나기 훨씬 전부터 지구에 살아왔다는 사실을 떠올리자. 그 사실만으로도 최소한의 존경을 받을 만한 자격은 있으니까.

1장
미물 설계도

: 곤충 해부학 특강

우리와 지구를 나누어 쓰는 이 작은 생물들은 어떻게 생겼을까? 이 장은 곤충의 형태에 관해 간략하게 이야기한다. 수를 세고, 동료를 가르치고, 동족은 물론 사람의 얼굴까지 인지하는 곤충의 놀라운 능력에 관해서도 살펴볼 것이다.

• ─── 다리 여섯, 날개 넷, 더듬이 둘 ─── •

곤충은 정확히 어떤 생물인가? 잘 모르겠다면 일단 다리 개수부터 세면 된다. 곤충 대부분이 몸의 가운데 몸통에 여섯 개의 다리가 붙어 있다.

다음으로 날개가 있는지 확인한다. 날개도 가운데 몸통에 붙어 있고 대부분 앞날개와 뒷날개, 이렇게 두 쌍이다.

여기까지 오면 곤충의 또 다른 결정적인 특징을 짐작할 수 있을 것이다. 맞다. 곤충의 몸은 세 부분으로 나뉜다. 일반적인 절지동물 그림을 보면 알 수 있듯이 곤충의 몸은 마디(체절)로 이루어진다. 그러나 다른 절지동물과 달리 곤충은 머리, 가슴, 배 세 부분으로 정확하게 나뉜다. 과거에 존재했던 여러 마디들은 날카로운 도구로 잘라낸 것처럼 표면에 깊게 패인 자국이나 흔적으로 남아 있다. '곤충강 Insecta'이라는 이름도 여기서 유래했다. '곤충insect'은 라틴어로 '자르다'라는 뜻의 'insecare'에서 왔다.

곤충의 머리는 사람과 크게 다르지 않다. 머리에는 입 외에 가장 중요한 감각기관인 눈과 더듬이가 있다. 곤충은 더듬이가 두 개 이상이지만, 눈의 수와 종류는 천차만별이다. 알다시피 곤충의 눈이 꼭 머리에 달린 건 아니다. 한 호랑나비 종은 눈이 음경에 달려 수컷이 교미할 때 자세를 바로잡도록 돕는다. 암컷 역시 엉덩이에 눈이 있어 알을 제자리에 낳는지 확인한다.

머리가 곤충의 감각 중추라면, 가운데인 가슴은 운동 중추다. 이곳은 날개와 다리를 움직일 때 필요한 근육으로 가득 차 있다. 새, 박쥐, 날다람쥐, 날치 등 날거나 활강하는 다른 동물과 달리 곤충의 날개는 사지의 용도가 전환된 게 아니라 다리를 보완하는 별개의 운동 장치다.

몸의 세 부분 중 가장 큰 배는 생식에 관여하고 창자 대부분이 들어 있다. 장내 노폐물은 대개 엉덩이에서 배출된다. 작은 혹벌은 식물 안의 완벽한 밀실에서 유충 시기를 보내는데, 화장실이 없는 원룸에 갇혀 사는 거나 마찬가지여서 볼일을 보고 싶어도 참을 수밖에 없다. 혹벌의 유충은 어찌나 깔끔한지 집을 더럽히지 않으려고 유충 단계가 끝나서야 장과 항문이 연결된다(7장, 188쪽 참조).

● ────── 무척추동물로 살아가기 ────── ●

곤충은 무척추동물이다. 다시 말해 척추와 뼈대 또는 뼈가 없다. 대신 골격이 바깥에 있다. 딱딱하지만 가벼운 외골격이 부드러운 내부를 충돌이나 외부의 압박으로부터 보호한다. 몸의 바깥쪽에는 왁스층이 있어 곤충이 가장 두려워하는 탈수를 막는다. 곤충은 몸집이 작지만 부피에 비해 표면적이 넓으므로 증발 때문에 소중한 물 분자를 잃고 마른 생선처럼 죽을 위험이 크다. 왁스층은 수분을 유지하게 해주는 중요한 도구다.

바깥 골격을 형성하는 물질은 다리와 날개도 보호한다. 다리는 속이 빈 튼튼한 관이 여러 개의 관절로 연결된 구조로 달리거나 도약하거나 그 밖에 재밌는 일을 가능하게 한다.

하지만 이렇게 골격이 몸 밖에 있으면 단점도 있다. 딱딱한 틀에 갇힌 몸이 어떻게 자라고 클 수 있을까? 중세 갑옷을 입은 사람의 몸이 터지기 직전의 빵 반죽처럼 잔뜩 부풀어 오른다고 생각해보자. 그러나 곤충은 해결책을 생각해냈다. 바로 새로운 갑옷이다. 새 갑옷은 옛 갑옷 아래에서 만들어지며 처음엔 말랑말랑하다. 빳빳한 옛 갑옷이 쪼개져 열리면 곤충은 마치 어깨에 걸친 낡은 셔츠를 벗어내듯 자연스럽게 갑옷 밖으로 빠져나온다. 이제 부드러운 새 갑옷이 말라서 단단해지기 전에 최대한 크게 몸을 부풀리는 게 중요하다. 일단 새로운 외골격이 굳고 나면, 다음번 탈피로 새로운 기회의 길이 열릴 때까지 크기가 제한되기 때문이다.

이런 곤충의 삶이 힘들겠다고 여겨질 수도 있는데, 기나긴 탈피 과정은 (몇몇 예외를 제외하고) 어린 시절에만 일어난다.

환골탈태

곤충이 아이에서 어른으로 크는 과정에는 여러 차례 탈피하며 서서히 모습이 변하는 유형과 급격히 돌변하는 유형이 있다. 이 변신 과정을 변태라고 한다.

첫 번째 유형은 불완전변태라고 한다. 여기에 속하는 잠자리, 메뚜기, 바퀴벌레, 노린재(53쪽 참조) 등은 자라면서 외형이 서서히 변한다. 몸이 자라기 위해 껍질 전체를 떨쳐낼 필요가 없다는 점을 제외하면 인간과도 조금 비슷하다. 이런 곤충의 애벌레 시절을 약충 단계라고 한다. 약충(불완전변태를 하는 곤충의 애벌레는 보통 약충이라고

하고, 완전변태를 하는 곤충의 애벌레는 유충이라고 한다 ― 옮긴이)은 자랄 때 외골격을 몇 차례(종에 따라 다르지만 대개 3~8번 탈피한다) 벗으며 서서히 성충으로 변한다. 그리고 마침내 마지막 탈피 때 날개와 생식기를 달고 애벌레 껍질 밖으로 기어 나와 어른이 된다.

두 번째 유형은 완전변태라고 한다. 완전변태를 하는 곤충은 아이에서 어른으로 변할 때 마법처럼 외형이 변한다. 인간 세계에서 이런 변신은 키스를 받은 개구리가 왕자로 변하거나 『해리 포터』에서 미네르바 맥고나걸 교수가 고양이로 둔갑하는 것처럼 동화나 판타지 소설에서나 볼 수 있다. 곤충은 키스나 주문으로 변신하지 않는다. 대신 호르몬 때문에 진행되는 이 변태는 어른이 되었다는 표시다. 우선 알이 부화하여 애벌레(유충)가 되는데, 이때 애벌레는 마지막으로 변신을 마친 성충과는 닮은 구석이 전혀 없다. 유충은 보통 한쪽에는 입이, 반대쪽에는 항문이 달린 칙칙하고 색이 옅은 네모난 주머니와 비슷하다(나비 유충을 포함한 훌륭한 예외가 있긴 하지만). 유충은 여러 차례 탈피하여 그때마다 커지지만 그 외에 모습은 거의 변하지 않는다.

마법은 번데기 단계에 일어난다. 일종의 휴지기인 이 단계에 곤충은 특색 없는 일개 '주머니'에서 믿을 수 없이 복잡하고 정교한 성충으로 기적처럼 변화한다. 번데기 안에서 완전히 새로운 곤충이 만들어지는데, 마치 레고 블록을 해체했다가 전혀 다른 모양으로 재조립하는 것과 같다. 마지막 단계에 번데기가 갈라지면서 내가 제일 좋아하는 동화책 『배고픈 애벌레The Very Hungry Caterpillar』에서처럼 '아름다운 나비'가 기어 나온다. 이런 완벽한 탈바꿈은 멋있기도 하거니와 진화적으로도 가장 성공적인 방식이다. 지구상에 존재하는 곤충의 85퍼센트가 완전변태를 거쳐 성충이 되며, 딱정벌레, 말벌 및 근연종, 나비와 나방, 파리와 모기처럼 우점하는 분류군이 이에 해당한다.

완전변태는 곤충의 한살이에서 단계가 다른 유충과 성충이 전혀 다른 먹이와 서식지를 활용하며 각자 맡은 일에 충실할 수 있다는 점에서 독창적이다. 에너지 저장이 주요 과제인 유충은 날지 못하는 식신이다. 그러다 번데기가 되면 축적해온 에너지를 녹여서 완전히 새로운 생명체를 만드는 데 재투자한다. 그 결과 만들어지는 성충 날벌레는 번식에 '올-인all-in'한다.

* * *

유충과 성충의 연관성은 고대 이집트 시대 이후로 알려져 있었지만, 변태 과정에서 정확히 무슨 일이 벌어지는지는 알려지지 않았다. 어떤 이들은 곤충 새끼가 애벌레 형태로 방황하다가 드디어 정신을 차리고 처음부터 다시 시작하려고 알로 기어들어 간 것이 번데기라고 생각했다. 전혀 다른 두 개체가 관여한다고 주장하는 사람도 있었다. 한 생물이 죽은 뒤 새로운 모습으로 부활한다는 것이다.

1600년대에 와서야 네덜란드 생물학자 얀 스바메르담Jan Swammer-dam이 자신이 개발한 현미경으로 유충과 성충이 같은 개체임을 증명했다. 현미경 아래서 애벌레나 번데기를 갈라 열자 확실한 성충의 요소가 보였던 것이다. 스바메르담은 관중 앞에서 메스와 현미경으로 이 광경을 자주 선보였는데, 커다란 누에의 껍질을 제거해 특징적인 시맥(곤충의 날개에 무늬처럼 있는 맥─옮긴이)을 갖춘 날개가 드러나는 과정을 보여주곤 했다. 하지만 이 사실은 훨씬 나중에야 일반적인 지식이 되었다. 찰스 다윈Charles Darwin은 일기에 1830년대에 칠레에서 한 독일 과학자가 애벌레를 나비로 바꾸었다는 이유로 이단죄로 기소되었다고 썼다. 과학자들은 지금도 변태 과정의 구체적인 세부 사항을 논의한다. 세상에는 아직도 풀리지 않은 미스터리들이 많다.

●————— **빨대로 숨쉬기** —————●

곤충은 허파가 없기 때문에 인간처럼 코나 입으로 숨 쉬지 않는다. 대신 몸의 옆면에 나 있는 구멍(기문)으로 숨을 쉰다. 이 구멍은 빨대처럼 바깥에서 내부로 이어지면서 길을 따라 가지를 뻗는다. 공기가 빨대를 채우면 산소가 빠져나와 세포로 들어간다. 즉, 곤충은 혈액이 없어도 몸의 구석구석으로 산소를 운반할 수 있다. 그렇더라도 양분과 호르몬을 세포로 운반하고 노폐물을 제거하려면 일종의

1장 미물 설계도
: 곤충 해부학 특강

피가 필요하다. 곤충의 피는 혈림프라고 알려져 있으며 산소를 운반하지 않으므로 포유류의 피를 빨갛게 만드는 철의 붉은 물질을 필요로 하지 않는다. 따라서 곤충의 피는 무색이거나 노란색 또는 초록색이다. 뜨겁고 조용한 여름 오후에 자동차를 몰다 보면 앞 유리가 황록색 액체로 얼룩지는 이유가 바로 그 때문이다.

곤충은 심지어 정맥과 동맥도 없다. 대신 곤충의 피는 내장 사이를 자유롭게 오가며 다리로 내려가거나 날개를 향해 올라온다. 곤충에게도 순환을 거들기 위한 일종의 심장이 있다. 이 심장은 등쪽의 긴 근육성 관인데, 앞쪽과 옆쪽에 입구가 있다. 이 근육이 수축하면서 머리와 뇌를 향해 뒤에서 앞으로 피를 펌프질한다.

곤충은 감각적 인상을 뇌에서 처리한다. 먹이를 찾고 적을 피하고 짝을 고르려면 냄새, 소리, 시각의 형태로 주위 신호를 포착하는 것이 대단히 중요하다. 곤충도 인간처럼 기본적인 감각이 있으므로 빛, 소리, 냄새를 감지하거나 맛을 보고 느낄 수 있지만, 감각 기관의 대부분이 전혀 다르게 구성되어 있다. 이제 곤충의 감각 장치를 살펴보자.

●───── 향기로운 곤충의 언어 ─────●

후각은 많은 곤충에게 중요하다. 곤충은 코가 없는 대신 더듬이로 냄새를 맡는다. 몇몇 나방 종의 수컷을 비롯한 일부 곤충은 커다란 깃털 같은 더듬이가 있어서 수 킬로미터나 떨어진 암컷의 향기를 맡을 수 있다. 농도가 무척 낮아도 말이다.

곤충은 냄새를 통해 여러 방식으로 의사소통을 한다. 냄새 분자로 '외로운 여성이 즐거운 시간을 함께할 멋진 남성을 찾습니다'와 같은 개인 광고에서 '이 냄새를 따라 부엌 조리대에 흘린 맛있는 딸기잼으로 오시오'와 같은 식당 추천까지 다양한 내용의 메시지를 보낸다.

예를 들어 가문비나무좀spruce bark beetle은 카카오톡 같은 메신저가 없이도 파티 장소를 알릴 수 있다. 병든 가문비나무를 찾은 가문비나무좀은 냄새의 언어로 소리를 지르는데, 그러면 모두 모여들어 아픈 나무를 점령한다. 이 나무는 곧 수많은 새끼 나무좀의 어린이집으로 생을 마감할 것이다.

우리 인간은 곤충들이 풍기는 냄새 대부분을 맡지 못하고 놓친다. 하지만 늦여름 낮에 노르웨이 남부 퇸스베르그 어느 마을의 오래된 나무 밑을 거닐다 보면 세상에서 가장 기분 좋은 복숭아향을 맡는 행운이 찾아올지도 모른다. 이 향은 유럽에서 가장 크고 귀한 은둔꽃무지hermit beetle가 가까운 나무에서 여자친구에게 구애하며 풍기는 냄새다. 이 곤충이 사용하는 물질은 감마-데칼락톤이라는, 로맨틱한 구석이라곤 하나 없는 이름으로 불린다. 인간들은 화장품을 만들거나 음식과 음료에 향을 더하려고 이 물질을 생산한다.

은둔꽃무지는 몸이 무겁고 느리고 거의 날지 않을뿐더러, 날더라도 멀리 가지 못해서 냄새 언어가 큰 도움이 된다. 오래되고 속이 빈

1장 미물 설계도
: 곤충 해부학 특강

나무에 살면서 유충 때에도 썩은 나무 잔해를 갉아 먹으며 지내는 진정한 '집돌이', '집순이'들이다. 한 스웨덴 학자의 연구에 따르면 은둔꽃무지 성충 대부분이 나고 자란 나무에서 산다. 여행에 대한 이런 무관심 때문에 속 빈 나무를 찾아 거처를 옮기는 일이 쉽지 않다. 게다가 오늘날에는 사람들이 숲과 농지를 집약적으로 이용하므로 오래되고 속 빈 나무가 드물어졌다. 그 결과, 스웨덴 남부에서 스페인 북부까지(영국 제도는 제외) 유럽 서부에 흩어져 분포하는 이 종은 모든 지역에서 감소하고 있어서 많은 유럽 국가가 보호 대상으로 지정했다. 특히 노르웨이에서는 퇸스베르그의 오래된 교회 묘지 한 곳에서만 발견될 정도로 멸종 위기에 처해 있다. 정확히 말하면 두 곳인데, 종의 생존을 확보하기 위해 학자들이 일부 개체를 근처 참나무 숲으로 옮겼기 때문이다.

● ──── 꽃냄새의 유혹 ──── ●

꽃은 곤충에게 냄새가 중요하다는 사실을 잘 안다. 그래서 꽃과 곤충은 수백만 년 동안 함께 진화하며 매우 놀라운 상호작용을 이끌어냈다. 세계에서 가장 큰 꽃은 남아시아에서 발견되는 라플레시아 *Rafflesia*속 식물인데 검정파리가 꽃가루받이를 한다. 이 말은 향수업계 특유의 표현을 빌리면 이 꽃에서 '호박빛 따스한 여름 햇살의 내음이 관능적인 바닐라 향과 함께 시원한 저녁 바람을 만난 것 같은' 향을 절대 기대할 수 없다는 뜻이다. 검정파리가 찾아와주길 바란다면 검정파리의 언어로 초대해야 한다. 그래서 이 꽃은 정글의 열기 속에 며칠씩 방치된 죽은 동물의 냄새를 풍긴다. 검정파리라면 썩어가는 살점의 악취를 도저히 거부할 수 없을 테니까.

곤충의 냄새로 말하는 꽃을 찾으려면 힘들여 정글까지 갈 필요도 없다. 유럽 자생종인 파리난초fly orchid는 노르웨이와 영국에서는 보호 대상이어서 보기 귀하지만 유럽 중부에서는 전역에 널리 퍼져 있다. 이 식물은 갈색이 약간 도는 푸른색이고 나나니벌digger wasp의 암컷과 똑같이 생긴 이상한 꽃을 피울 뿐 아니라 외모에 어울리는 냄새까지, 즉 짝짓기 상대를 찾는 암컷 나나니벌의 냄새까지 풍긴다. 그렇다면 알에서 갓 부화한 어수룩한 수컷 나나니벌이 무엇을 할 수 있겠는가? 짧은 인생 동안 오로지 한 가지 생각만 하고 사는 이 수컷은 대번에 속아 암컷으로 여겨지는 '꽃'과 교미하려 한다. 물론 거사는 성사되지 않을 것이다. 수컷은 이내 다른 '암컷'이라고 생각한 것에게 다가가서 다시 시도할 테지만 또 실패할 것이다. 정작 본인은 몰랐겠지만, 이처럼 안타까운 운명의 짝짓기를 시도하면서 수컷 나나니벌은 자신도 모르게 '딜리 보퍼deely bopper'—1980년대에 유행한 파티용 머리띠—처럼 보이는 노란 물질을 운반하는데, 여기에는 파리난초의 꽃가루가 들어 있다. 결국 수컷 나나니벌의 열정적인 연애 사업이 이 꽃의 꽃가루받이에 이바지한 셈이다.

하지만 이 불운한 수컷의 운명을 안타까워할 필요는 없다. 진짜 암컷 나나니벌은 수컷보다 며칠 뒤에 부화하는데, 그러면 제대로 분위기가 달아오르기 시작한다. 이렇게 자연은 파리난초와 나나니벌의 존재를 동시에 보장해준다.

● ─── 무릎에 달린 귀와 사형수의 시계 ─── ●

냄새를 통한 의사소통은 짝을 찾을 때 특히 중요하지만, 어떤 곤충은 냄새 대신 소리로 배우자를 찾는다. 메뚜기는 인간에게 여름의 소리를 들려주기 위해서가 아니라, 여자친구를 찾기 위해 노래한다. 수컷 새들이 자주 열정적인 휘파람새가 되는 것처럼 곤충도 대개 수컷이 암컷을 부른다. 귀청이 떨어질 듯한 매미 소리를 들어본 적이 있다면, 여기에 암컷까지 가세해 소리가 2배로 커진다면 어떨지 생각해보라. 고대 그리스 격언에는 "소리 없는 아내를 둔 매미는 축복받았다"라는 말이 있다고 한다. 이 말은 현대 인간 사회에서는 논란거리가 되겠지만, 실제로 암컷 매미들은 입을 다무는 것이 꽤 현명한 일인지도 모른다. 수컷 매미의 노래에 끌리는 것은 사랑에 목마른 암컷 매미만이 아니기 때문이다. 무서운 기생충들도 세레나데를 들으며 대기하고 있다가 몰래 다가와서 이 솔로 가수의 몸에 알을 낳는다. 그게 별일이냐고 생각할지 모르지만, 사실 이 가수의 인생은 끝났다. 기생충의 알은 부화해 배고픈 애벌레가 되어 매미를 몸속부터 먹어 치울 것이다. 게임 끝.

곤충은 귀가 머리에 있는 경우가 드물고 온갖 희한한 곳에 달려 있다. 귀는 다리에 달리기도 하고, 날개나 가슴, 배에 달리기도 한다. 어떤 나방은 심지어 입안에 귀가 있다. 곤충의 귀는 형태가 다양하고 모두 크기가 XXXS 사이즈로 작지만, 상상을 초월할 정도로 구조가 복잡한 경우도 있다. 어떤 귀에는 작은 드럼 같은 진동 막이 있어서 공기로 전해진 음파가 닿으면 작동한다. 인간의 내이를 단순화한 축소판이라고 보면 된다.

곤충은 진동을 포착하는 미세한 털이 연결된 다른 감각기로도 소리를 감지한다. 모기와 초파리는 더듬이에 이런 감지기가 달렸고, 나비 유충은 몸을 뒤덮은 감각 털로 듣고, 느끼고, 맛을 본다. 아주 멀리 떨어진 곳의 소리도 잡아내는 귀가 있는가 하면, 짧은 거리 안의 소리만 듣는 귀도 있다. 사실 '듣는다'는 것이 정확히 무엇인지 정의하기 어려울 때가 있다. 만약에 앉아 있는 풀잎에서 진동을 포착했다면 그건 들은 걸까, 느낀 걸까?

'사형수의 시계'라고도 불리는 사번충Xestobium rufovillosum은 일종의 증폭기를 사용해 소리를 키운다. 옛날 사람들은 사번충 소리가 죽음이 임박했음을 알리는 경고라고 생각했지만, 실상은 그보다 따분하다. 이 벌레는 썩어가는 목제품, 주로 주택의 목재에서 유충 생활을 하다가 성충이 되면 머리로 벽을 찧으며 짝을 찾는다. 이 소리는

1장 미물 설계도
: 곤충 해부학 특강

나무를 타고 퍼진다. 이 반복적인 소리는 시계 초침이나 누군가 손가락으로 초조하게 탁자를 두드리는 소리를 연상시킨다. 그래서 옛 미신은 이를 누군가 곧 죽는다는 뜻으로 해석했다. 한 사람의 최후를 예고하는 시계 소리, 또는 망자가 숨을 거두길 이제나저제나 기다리는 저승사자의 소리라고 말이다. 아마 어둠과 적막이 내려앉은 집에서 누군가의 임종을 지켜보는 순간에 이 소리가 더 잘 들렸기 때문에 생긴 말은 아닐는지.

● ────── 세상에서 가장 작은 바이올린 연주자 ────── ●

매미 울음소리는 시끄러운 대낮에도 분명하게 들린다. 하지만 매미가 세계에서 가장 시끄러운 곤충 경연대회의 우승자는 아니다. 몸 크기를 고려하면 길이 2밀리미터에 불과한 어느 수생 곤충이 승자가 될 확률이 높다. 미크로넥티다이Micronectidae과에 속하는 물벌레water boatman 수컷은 음악 연주로 경쟁하고 암컷의 관심을 얻는다. 그런데 고작 후춧가루 하나 크기의 곤충이 무슨 수로 사랑하는 암컷에게 세레나데를 들려줄까? 놀랍게도 이 작은 물벌레는 배를 현으로, 음경을 활로 삼아 연주를 한다.

몇 년 전 한 연구 팀이 물속에 마이크를 설치해 프랑스 물벌레 수컷의 노래를 녹음했다. 세계 최초로 물벌레의 세레나데를 도청한 셈이다. 이 실험은 나름대로 큰 성공을 거두었는데, 연구 팀은 음경으로 현을 켜는 이 작은 생명체가 이성의 한계를 넘어서는 소리를 낸다는 사실을 증명했다고 믿었다. 고작 2밀리미터짜리 생물이 자그마치 평균 79데시벨의 소리를 냈는데, 육지로 따지면 15미터 거리에서 지나가는 화물 열차 소리와 맞먹는다.

가능의 영역을 넘어선 것 같은 이 관찰 결과는 실제로는 사실이 아닐 수도 있다. 물속과 공기 중의 소리를 비교하기란 복잡한 일이기 때문이다. 어쩌면 물벌레는 세계에서 가장 시끄러운 곤충이 아닐 수도 있다. 하지만 음경으로 바이올린을 켜는 재주까지 부인하지는 못하겠다.

• ———— 발에 달린 혀 ———— •

여름 숲속을 맨발로 걸으며 방금 밟은 블루베리의 맛을 발로 느낀다고 상상해보자. 바로 집파리가 그렇다. 집파리들은 발로 맛을 본다. 특히 파리는 인간이 혀로 느끼는 것보다 설탕에 100배 이상 민감하다.

그러나 누구도 함께하고 싶어 하지 않는다는 점 외에도 파리로 살아가는 데는 몇 가지 단점이 있다. 파리는 단단한 음식을 잘게 부수는 이빨 같은 도구가 없어서 유동식만 먹고 살아야 하는 불행한 운

1장 미물 설계도
: 곤충 해부학 특강

명을 타고났다. 그렇다면 빵 조각 위에 착륙한 불쌍한 파리는 어떻게 빵을 먹을까? 파리는 몸속에서 만든 소화 효소로 음식을 곤죽으로 만든다. 그러기 위해 뱃속의 소화액을 역류시켜 음식 위에 뱉는다. 이게 인간에게 달갑지 않은 이유는 파리가 지난번에 식사—우리가 음식으로 치는 것과는 거리가 먼 것—할 때 뱃속으로 들어갔던 세균이 빵에 묻을 수도 있기 때문이다. 하지만 파리 쪽에서 보면 음식을 빨아먹을 수 있으니 다행이다. 손잡이가 짧은 진공청소기 헤드처럼 생긴 파리의 입은 머리에 있는 일종의 펌프에 붙어 맛 좋고 영양 만점인 수프를 빨아들인다.

집파리는 이 몹쓸 밥상머리 예절과, 동물의 똥을 비롯해 아무거나 가리지 않는 식성 때문에 감염을 퍼뜨린다. 파리 자체는 위험하지 않지만 재활용한 주사기처럼 감염원을 옮기고 다니기 때문에 문제가 된다.

생각해보면 인간은 발이 아닌 혀로 맛을 보니 얼마나 다행인지 모르겠다. 블루베리는 좋은 예일 뿐이고, 겨우내 신발 속을 맛봐야 한다는 생각을 하면 진저리가 쳐진다.

곤충의 시력

곤충의 감각은 환경과 필요에 따라 적응했다. 잠자리와 파리는

세상에 나쁜 곤충은 없다

시력이 좋아야 하지만, 동굴에 사는 곤충들은 눈이 멀어도 상관없다. 꿀벌처럼 꽃과 밀접한 곤충은 색깔을 볼 수 있지만, 이들의 눈은 색 스펙트럼이 위쪽으로 치우쳐서 빨간빛은 못 본다. 그 대신 인간과 달리 자외선을 볼 수 있어서 해바라기처럼 우리 눈에는 단조로워 보이는 많은 꽃에서 독특한 패턴을, 특히 꽃 속의 꿀단지로 인도하는 '활주로'를 본다.

곤충의 겹눈은 많은 낱눈으로 이루어진다. 곤충의 뇌는 낱눈들이 찍은 사진들을 모아 하나의 큰 이미지로 합성하는데, 인간의 눈으로 보았을 때보다 세상이 거칠고 모호하게 보인다(컴퓨터 모니터에서 저해상도 사진을 몇 배로 확대한 모습과 비슷하다). 곤충은 시력 때문에 운전면허를 딸 수가 없다. 이미지들이 너무 흐릿하게 보여서 20미터 앞의 도로 표지판도 읽을 수 없기 때문이다. 그렇지만 일상의 과제 수행에는 문제없이 적응했다. 물맴이whirligig beetle를 예로 들어보자. 물맴이는 호수의 수면 위를 바삐 돌아다니는 검은 진주처럼 광택이 나는 곤충이다. 눈은 두 쌍인데, 각각 굴절력이 달라서 한 쌍은 물속에서 배고픈 농어를 경계하고, 다른 한 쌍은 물 위에서 먹이를 찾는다.

또한 곤충은 인간에게는 보이지 않는 편광 현상을 볼 수 있다. 빛이 진동하는 속성과 연관된 편광은 빛이 물처럼 반짝이는 표면이나 대기에서 반사할 때 달라진다. 여기서는 어려운 물리학은 건너뛰고, 곤충은 편광을 나침반처럼 사용해 방향을 잡는다는 정도만 말하겠다. 인간이 편광과 연관되는 경우는 반사된 빛의 눈부심을 줄이기 위해 편광렌즈를 사용한 폴라로이드 선글라스를 쓸 때뿐이다.

곤충에는 겹눈 외에도 홑눈이 있는데, 주요 기능은 빛과 어둠을 구분하는 것이다. 다음번에 말벌을 보면 머리 양쪽의 겹눈 외에 이마 위 삼각형 부분에 세 개의 홑눈이 있는지 자세히 들여다보자.

———— 세상에서 으뜸가는 사냥꾼 ————

일상에 잘 적응한 시력의 소유자가 누구인지 논하자면 잠자리가 단연 독보적이다. 잠자리는 바로 이 시력 덕분에 세계에서 가장 실력 있는 포식자로 인정받고 있다.

아프리카에서 사자가 무리 지어 사냥하는 장면은 꽤 인상적이지만, 실상은 네 번에 한 번꼴로 겨우 먹잇감을 쓰러뜨린다. 바다의 백상아리도 무시무시한 300개의 이빨을 드러내며 달려들지만 공격의 절반은 실패한다. 그러나 잠자리는 95퍼센트 이상의 성공률을 자랑하는 치명적인 사냥꾼이다.

잠자리의 사냥 솜씨가 뛰어난 이유는 공중에서 자유자재로 움직일 수 있기 때문이다. 날개 네 개를 모두 따로 움직이는 능력은 곤충 세계에서도 드물다. 여러 근육들이 각 날갯짓의 빈도와 방향을 조정하는데, 덕분에 뒤로나 거꾸로도 날 수 있고, 공중에서 꼼짝 않고 정지 상태로 있다가도 최고 시속 50킬로미터로 순식간에 속도를 올릴 수 있다. 미 육군이 드론을 디자인할 때 잠자리를 모델로 삼는 것도 놀랍지 않다. 여기에 잠자리의 시력도 성공에 한몫을 한다. 사실 머리 전체가 거의 눈으로 되어 있으니 시력이 좋은 게 당연하다. 각 눈은 3만 개의 작은 눈으로 되어 있는데, 색깔은 물론 자외선과 편광까지 본다. 눈이 공 모양이므로 360도 어느 방향에서 일어나는 일이건 거의 다 볼 수 있다.

잠자리의 뇌도 엄청난 시력을 뒷받침한다. 인간은 1초에 약 20개 이상의 이미지가 연속적으로 지나가면 이를 영화처럼 움직이는 동작으로 본다. 그러나 잠자리는 1초에 최대 300개까지 분리된 이미지를 보고 각각을 해석한다. 잠자리의 눈에 영화는 수많은 분리된 스냅숏 또는 장면이 지나가는 빠른 슬라이드 쇼일 뿐이다. 그러므로 영화표는 이들에게 휴지 조각이나 마찬가지다.

또한 잠자리의 뇌는 시각이 받아들인 엄청난 양의 인상 중에서 특정 부분에 일정 시간 동안 집중할 수 있다. 다른 곤충에게는 없다고 알려진 일종의 선별적 주의력을 타고났기 때문이다. 배를 타고 바다를 건너는 중 앞에 어떤 각도로 보트가 보인다고 해보자. 그 배가 항상 시야에서 정확히 같은 각도로 보인다면 언젠가는 만나게 될 것이다. 이와 비슷한 방식으로 잠자리의 뇌는 접근 중인 먹잇감에 주의를 고정하고 공격의 속도와 방향을 조정한다. 다시 한 번 사냥 성공. 이는 복잡하고 잘 설계된 감각 기관만으로는 충분치 않다. 들어오는

세상에 나쁜 곤충은 없다

모든 정보를 처리하여 연관된 패턴과 연계를 찾아내고 몸의 각 부분으로 정확한 메시지를 보내는 뇌가 있어야 한다. 곤충의 뇌는 아주 작지만, 생각보다 훨씬 똑똑하다.

• ——— 곤충 학교 ——— •

위대한 스웨덴 생물학자 칼 린네는 종을 분류하는 업적을 남겼는데, 곤충에게는 뇌가 없다고 믿었기 때문에 별개의 집단으로 분류했다. 사실 그럴 만도 하다. 초파리는 머리를 잘라도 며칠 동안 날고, 걷고, 짝짓기하면서 아무렇지도 않게 살기 때문이다. 물론 결국엔 끼니를 집어넣을 입이 없어서 굶어 죽겠지만. 곤충이 머리가 없이도 살 수 있는 이유는 머리에 있는 진짜 뇌 외에 관절마다 '초소형 뇌'가 달린 신경삭이 몸 전체에 퍼져 있기 때문이다. 결과적으로 이들은 머리가 달려 있건 없건 많은 기능을 할 수 있다.

곤충에게 지능이 있을까? 지능을 어떻게 정의하느냐에 따라 달라진다. 멘사Mensa(인류를 위한 인지人智의 증명과 육성 등을 위해 설립된 국제단체—옮긴이)에 따르면 지능이란 '정보를 습득하고 분석하는 능력'이다. 누구도 곤충에게 멘사 회원 자격이 있다고 주장하지는 않겠지만, 곤충이 배우고 판단하는 능력은 한없이 놀랍다. (제대로 된 뇌를 지닌) 대형 척추동물의 전유물이라고 믿어왔던 특성 중 일부를 이 작은 친구들도 할 수 있다는 사실이 밝혀지고 있다.

그러나 모든 곤충의 '지능'이 동등한 것은 아니어서 그 안에서도 큰 차이가 있다. 삶이 따분하고 습성이 단순한 것들일수록 덜 똑똑하다. 평생 동물의 털가죽에 편안히 들어앉아 주둥이를 정맥에 꽂고 피를 빼는 일이 전부인 곤충들에게는 솔로몬의 지혜가 필요 없다. 그러나 꿀벌, 말벌, 개미라면 얘기가 달라진다. 영리한 곤충일수록 다양한 장소에서 먹이를 찾고, 동족끼리 밀접한 유대관계를 형성한다. 이들은 대개 많은 개체가 모여 무리를 이루고 산다. 이 생물들은 끊임없이 판단을 내린다. 저기에 있는 노란 것이 달콤한 꿀이 든 꽃일까, 아니면 배고픈 게거미crab spider일까? 내가 저 침엽수 바늘잎을 혼자서 운반할 수 있을까, 아니면 몇 녀석 더 데려갈까? 이 꿀로 나 혼자 잘 먹고 잘살까, 아니면 집에 가서 엄마를 드릴까?

사회적 곤충은 작업을 분담하고 경험을 공유하며 '서로 이야기를 나눈다.' 그러려면 사고 능력이 필요하다. 찰스 다윈의 『인간의 유래 The Descent of Man』를 인용하면 "개미의 뇌는 세상에서 가장 진기한 물질의 원자다. 아마 인간의 뇌보다 더 그러할 것이다." 심지어 다윈은 오늘날 우리가 알고 있는 사실—개미는 다른 개미를 가르칠 수 있다—도 모르면서 저렇게 말했다.

가르치는 능력은 진보한 사회의 증거로서 오랫동안 인간만이 갖고 있다고 여겨졌다. 교육이 다른 의사소통과 구별되는 구체적 기준은 세 가지다. 첫째, 선생이 '무지한' 학생을 만났을 때만 일어나는 활동이다. 둘째, 선생에게 비용이 든다. 셋째, 가르치지 않았을 때보다 더 빨리 배운다. 교육이라는 말은 개념과 전략에 관한 의사소통에 사용되므로, 그저 과정에 더 가까운 꿀벌의 춤(48쪽 참조)은 대개 교육의 범주에 들어가지 않는다. 그러나 개미는 '병렬주행tandem running'이라는 과정을 통해 다른 개미를 가르친다. 이것은 경험 많은 개미가 다른 개미에게 먹이가 있는 장소로 가는 길을 보여주는 방식으로 진행된다. 유럽에 자생하는 템노토락스 알비펜니스*Temnothorax albipennis*라는 개미는 개미집에서 출발해 새로운 먹이까지 가는 길을 기억하기 위해 냄새는 물론이고 나무, 돌 등의 랜드마크에 의지한다. 길을 아는 암컷(모든 일개미는 암컷이다. 70쪽 참조)은 되도록 많은 개미가 그 먹이를 찾을 수 있도록 다른 개미들을 가르쳐야 한다. 선생은 앞서가며 길을 보여주고, 뒤에서 천천히 쫓아오는 학생들을 기다리기 위해 가다 서기를 반복한다. 학생이 느린 이유는 길을 가면서 지나온 랜드마크를 기록해야 하기 때문일 것이다. 다시 출발할 준비가 된 학생이 더듬이로 선생을 건드리면 이들은 가던 길을 계속 간다. 그러므로 이 행동은 '진정한 가르침'의 세 가지 조건을 만족한다. 이 활동은 선생이 '무지한' 학생을 만났을 때 일어났고, 선생에게 비용이 들고(멈춰서 기다려야 하므로), 학생이 스스로 학습할 때보다 훨씬 빨리 배운다.

최근에는 호박벌이 동료에게 기술을 가르칠 수 있는 소수의 특권층에 합류했다. 스웨덴과 오스트레일리아의 과학자들이 호박벌이 끈을 잡아당겨 꿀을 먹을 수 있도록 훈련시키는 데 성공했기 때문이다. 연구 팀은 플라스틱으로 원반 모양의 푸른색 가짜 꽃을 만들고 그 안에 설탕물을 채웠다. 꽃 위에 투명한 플렉시글라스 판을 덮고 꽃에 달린 끈을 잡아당겨야 설탕물에 접근할 수 있게 만든 다음, 훈련되지 않은 호박벌들을 풀어놓았다. 처음엔 아무 벌도 상황을 파악하지 못해 끈을 당기지 않았다. 훌륭한 시작점이었다. 서서히 호박벌들은 이 '꽃'에 관해 알 기회가 생겼고 꽃이 제공하는 보상을 배웠다. 가짜 꽃이 차츰 플렉시글라스 밖으로 나오기 시작했다. 마침내 꽃이 완전히 끌려 나오자 이후 40마리의 호박벌 중 23마리가 끈을 당기기 시작했다. 벌들은 이런 식으로 가짜 꽃을 끄집어내어 설탕물을 마실 수 있었다. 벌 한 마리당 꼬박 5시간이 걸렸으니 수업에 많은 시간이 걸린 것은 인정해야 한다.

다음 단계로 과학자들은 훈련된 호박벌들이 이 특별한 기술을 다른 벌에게 가르칠 수 있는지를 실험했다. 세 마리의 호박벌이 '교사'로 낙점되었다. 과학자들은 새로운 호박벌들을 선생과 함께 가짜 꽃 가까이에 있는 작고 투명한 우리 안에 넣어 직접 보고 배우게 했다. 25마리의 '학생' 중 15마리가 선생이 하는 것을 보고 핵심을 파악했다. 그리고 이후의 시도에서 보상을 끌어냈다. 이 실험은 호박벌이 본능에 내재하지 않은 기술을 학습할 수 있다는 것과, 다른 벌에게 전략을 가르치는 능력이 있음을 둘 다 보여주었다.

1900년대 초, 독일의 '영리한 말 한스'는 세계적인 인기 스타였다. 한스는 숫자를 셀 뿐 아니라 계산까지 했다. 적어도 사람들은 그렇다고 생각했다. 이 말은 더하고 빼고 곱하고 나눌 수 있었다. 연산 문제를 내면 앞발로 정답을 두드렸고, 한스의 주인인 수학 교사 빌헬름 폰 오스텐은 이 말이 자신만큼이나 영리하다고 확신했다. 하지만 결국 한스는 계산은커녕 수도 세지 못한다는 사실이 드러났다. 그렇긴 해도 한스는 질문하는 사람의 몸짓 언어와 얼굴 표정의 미세한 신호를 읽는 데는 전문가였다. 한스는 자신의 앞발이 정답을 짚었을 때 문제를 내는 사람이 무의식적으로 드러내는 미세한 신호를 알아차리고 답을 맞혔다. 사실 한스의 정체를 드러낸 심리학자 자신도 이 신호를 제어하지 못했다.

새로운 연구에 따르면, 벌은 실제로 수를 셀 수 있다. 물론 큰 수를 세지는 못하고 사칙연산을 할 수도 없다. 그렇지만 뇌가 깨알만한 생물치고는 꽤 인상적인 재주다. 이 사실을 확인하기 위해 연구자들은 꿀벌을 터널에 넣고 거리에 상관없이 특정한 수만큼 랜드마크를 통과했을 때 보상을 기대하도록 훈련했다. 그 결과 벌은 넷까지 셀 수 있었고, 훈련 후에는 한 번도 본 적 없는 새로운 랜드마크까지 세었다.

그런데 벌은 수학만 잘하는 게 아니라(벌의 크기를 감안하시라) 언어에도 능통하다.

● ———— 춤추는 벌 ————— ●

빌헬름 폰 오스텐과 그의 똑똑하지 못한 말이 살아 있던 시기에, 이웃한 오스트리아에서는 미래의 노벨상 수상자가 쑥쑥 자라고 있었다. 카를 폰 프리슈Karl von Frisch는 어려서부터 동물을 무척 사랑했는데, 그가 집으로 데려온 수많은 야생동물을 다 받아준 걸 보면 어머니가 대단히 너그러웠던 듯하다. 폰 프리슈는 어린 시절에 총 129종의 동물을 키웠다고 기록했는데, 여기에는 새 16종, 도마뱀, 뱀, 개구리 20여 종, 물고기 27종이 포함된다. 커서 동물학자가 된 그는 원래 물고기와 이들의 색각에 관심이 있었다. 그런데 아주 우연한 기회로, 그러니까 실험을 재현하려고 학회에 가는 길에 그의 수생 연구 대상이 자꾸 죽어버리는 바람에 벌에 관한 연구로 전환했다.

카를 폰 프리슈는 두 가지 중요한 발견을 했다. 그는 벌이 색깔을 본다는 것과 정교한 춤으로 먹이가 있는 장소를 동료들에게 알려준다는 것을 증명해 1973년에 노벨상을 받았다. 그는 꿀벌이 꿀이 많은 곳을 찾으면 집으로 돌아와 다른 벌들에게 꽃이 어디에 있는지 알린다는 사실을 밝혔다. 꿀벌은 반원을 그리며 돌고 직진하고 다시 반원을 그리며 도는 8자 모양의 춤을 추는데, 직선으로 움직일 때 엉덩이를 흔들고 날개를 떤다. 이 진동 횟수와 춤의 속도가 꽃까지의 거리를 나타낸다. 반면 엉덩이 춤을 추는 방향은 태양에 대한 상대적인 꽃의 위치를 전달한다.

오늘날 벌의 춤 언어는 무척 많이 연구되고 관찰되었다. 그러나 역사는 전혀 다른 방향으로 흘러갈 수도 있었다. 히틀러가 집권한 이후 폰 프리슈의 연구는 얼마 안 돼 중단되었다. 1930년대에 그가 뮌헨대학교에서 일할 때, 히틀러 지지자들이 유대인을 색출하느라 대학 직원 명단을 샅샅이 뒤졌다. 그리고 폰 프리슈의 외할머니가 유대인라는 사실이 밝혀지자 그는 해고되었다. 그러나 폰 프리슈는 작은 기생충 덕분에 구제되었다. 이 기생충은 벌에 병을 일으켜 독일의 벌떼를 초토화했다. 양봉업자들은 폰 프리슈의 연구가 독일 양봉업계를 구하는 데 반드시 필요하다고 나치 지도자들을 설득했다. 전쟁 중이었던 독일은 농장에서 생산하는 모든 식량이 절실했으므로 꿀벌 몰살은 상상도 할 수 없는 일이었다. 결국 폰 프리슈는 연구를 계속할 수 있었고, 이 연구는 벌에 관한 지식과 그의 경력에 보탬이 되었다.

●────── 저 얼굴 전에 봤어! ──────●

타인의 얼굴을 구분하는 능력은 인간관계 발달에서 가장 기본적이다. 아주 오랫동안 우리 인간은 포유류와 새들만 이 능력이 있다고 믿었다. 이 믿음은 한 호기심 많은 과학자가 모형 비행기용 페인트로 말벌의 얼굴을 색칠하기 전까지 이어졌다. 문제의 말벌은 미국에 자생하는 황금종이말벌*Polistes fuscatus*이라는 쌍살벌속 곤충이다. 쌍살벌은 나무 섬유를 잘 씹어 반구처럼 생긴 집을 짓는다. 이 집은 뒤집어진 우산 모양으로 매달리는데, 나무 펄프로 지은 다른 말벌의 집과 달리 밖을 감싸는 덮개 같은 것이 없다.

쌍살벌은 엄격한 계층사회를 이루므로 윗사람이 누구인지 아는 것이 무엇보다 중요하다. 그래서 이들이 서로의 얼굴을 잘 알아보는지도 모른다. 색칠로 얼굴의 무늬 패턴이 바뀐 쌍살벌이 집에 돌아가면 동료들이 적대적으로 반응했다. 동료들은 이 벌의 얼굴을 알아보지 못해 혼란스러워했다. 고유한 개별 패턴을 건드리지 않고 색칠한 대조군은 복귀했을 때 별다른 반응을 겪지 않았다.

또 다른 흥미로운 점은 몇 시간의 실랑이 이후 다른 거주자들이 얼굴에 칠을 하고 나타난 이 벌의 새로운 모습에 익숙해졌다는 것이다. 시간이 지나면 공격이 잦아들면서 모든 것이 정상으로 돌아갔다. 즉, 엄청난 변신에도 불구하고 결국은 함께 살던 친구임을 알게 된다. 이는 말벌이 얼굴에 관한 자세한 단서나 그 밖의 '특징'으로 공동체 내의 개별 회원을 인지하고 구별하는 능력이 있음을 말해준다.

꿀벌은 말벌보다 몇 단계 수준이 높다. 꿀벌은 얼굴 사진을 보고 사람의 얼굴을 구분한다. 게다가 익숙해진 얼굴을 적어도 이틀 동안 기억할 수 있다. 그러나 벌 자신이 실제 무엇을 보고 있는지 알기는 하는지 의심스럽다. 꿀벌은 제시된 얼굴 사진을 아주 웃기게 생긴 꽃이라고 믿는 것 같다. 즉, 사진 속 얼굴의 윤곽을 '꽃잎'의 패턴으로 인지하는 것이다(눈과 입이 어두운 무늬인 꽃).

이 새롭고 흥미로운 정보는, 안면 인식이 실제로 어떻게 작용하는지 다시 생각하게 한다. 뇌의 크기가 이 책의 알파벳 'o'보다 작은 생물체가 브로콜리 크기의 뇌를 가진 인간과 비슷한 일을 해내는 것이다. 이 과정을 더 잘 이해하면, 타인의 얼굴을 인지하지 못하는 신경 질환인 안면인식장애를 겪는 사람들을 도울 수 있을지도 모른다.

이 지식은 예컨대 공항의 감시 카메라에 사용할 수도 있다. 그렇다고 유리 상자에 벌떼를 넣고 사람들이 세관을 통과할 때 확인하게 하라는 뜻은 아니다(물론 대단히 재밌겠지만). 벌이 얼굴 패턴을 인지하는 원리를 컴퓨터 논리로 바꾸어 적용할 수 있다. 이 원리가 이를테면 사람들이 많이 모이는 장소에서 지명수배자의 얼굴을 자동 인식하는 감시카메라의 시스템을 개선하는 등의 발전으로 이어지길 바란다.

인간은 생물들을 정리하면서 친밀한 정도에 따라 무리를 묶고 나누었다. '계'로 시작해 '문'과 '강'으로 나누고 다시 '목', '과', '속'으로 가른 다음 마침내 '종'에 도달하는 독창적인 체계를 세웠다.

점박이땅벌common wasp을 예로 들어보자. 이 벌은 동물계, 절지동물문, 곤충강, 벌목, 말벌과, 베스풀라속, 그리고 마지막으로 점박이땅벌종에 속한다.

모든 생물 종에는 두 부분으로 나뉜 라틴식 이름인 학명이 있다. 학명은 이탤릭체로 쓰는데, 학명의 앞부분은 종이 속한 속을 나타내고 뒷부분은 종의 이름이다. 1700년대에 스웨덴 자연과학자 린네가 도입한 이 체계는 전 세계의 모든 생물학자가 국경과 언어 장벽을 넘어 소통할 수 있도록 해준다. 점박이땅벌의 학명은 베스풀라 불가리스*Vespula vulgaris*다. 라틴명을 보고 이름의 뜻을 파악할 수도 있는데, 예를 들어 불가리스는 '흔하다'라는 뜻이다(영어로 통속적 또는 널리 알려졌다는 뜻의 'vulgar'의 어원이기도 하다).

라틴명은 해당 종의 외형을 설명하는 경우가 많다. 하늘솟과 곤충인 스테누렐라 니그라*Stenurella nigra*종의 'nigra'는 이 종의 색이 까맣다는 사실을 드러낸다. 아름다운 공작나비*Aglais io*처럼 신화에서 이름을 빌리는 경우도 있다. 이오는 그리스신화 속 제우스의 연인으로, 이름을 목성의 위성에 빌려주기도 했다.

수만 마리의 곤충에 이름을 지어주다 보면 곤충학자들이 장난기가 발동할 때가 있다. 그래서 등에에 자신이 제일 좋아하는 가수의 이름을 붙여 스캅티아 베이옹케아이*Scaptia beyonceae*(68쪽 참조)라고 부르거나, 말벌에게 폴레미스투스 케브바카*Polemistus chewbacca*(추바카), 폴레미스투스 바데리*P. vaderi*(다스베이더), 폴레미스투스 이오다*P. yoda*(요다)처럼 영화 〈스타워즈〉 시리즈의 인기 있는 등장인물의 이름을 붙이기도 한다. 가끔 이름을 소리 내서 부를 때만 알 수 있는 말장난도 하는데, 콩 모양의 딱정벌레인 겔라이 바엔*Gelae baen*(젤리빈)과 겔라이 피시*Gelae fish*(젤리피시)가 그렇다. 기생벌의 일종인 헤에르즈 루케나트카*Heerz lukenatcha*와 그 친척인 헤에르즈 토오이아*Heerz tooya*를 영어식으로 발음해보라(각각 Here's looking at ya와 Here's to ya라는 뜻이다—옮긴이).

●──── 곤충 목에 따른 특징 ────●

세계에는 적어도 30개의 곤충 목이 있다. 규모가 가장 큰 다섯 그룹은 딱정벌레목, 벌목, 나비목, 파리목, 노린재목이고 그 밖에 잠자리목, 바퀴목, 흰개미목, 메뚜기목, 날도래목, 강도래목, 하루살이목, 총채벌레목, 이목, 벼룩목 등이 있다.

관련 지식이 쌓이면서 꾸준히 종 수가 늘고 있는 벌목과 경쟁 중이지만 딱정벌레목Coleoptera은 세계적으로 가장 큰 곤충 목 가운데 하나다. 딱정벌레목의 전형적인 특징은 딱딱한 앞날개가 등을 덮는 보호 껍질을 형성한다는 것이다. 그 밖에는 외형이나 생활방식이 믿기 힘들 정도로 다양하며, 육지와 물에서 모두 발견된다. 딱정벌레목에는 170개가 넘는 과가 있는데, 그중 가장 큰 과는 바구밋과, 풍뎅잇과, 잎벌렛과, 딱정벌렛과, 반날갯과, 하늘솟과, 비단벌렛과다. 모두 합하면 딱정벌레목에는 세계적으로 약 38만 종이 있다.

벌목Hymenoptera은 개미, 벌, 호박벌, 말벌 같은 친숙한 곤충들로 이루어졌고, 무리를 짓고 사는 종이 많으며 여러 암컷 일꾼과 한 마리 또는 그 이상의 여왕이 군집 생활을 한다. 또한 벌목에는 잘 알려지지 않은 많은 잎벌과 어마어마한 수의 기생벌들도 포함된다. 지금까지 11만 5000종 이상의 벌목이 발견되었는데, 수가 꾸준히 늘고 있어서 아마도 가장 큰 곤충 목이 될 것이다.

나비목Lepidoptera에 속한 나비와 나방은 지붕의 기와처럼 배열된 미세한 비늘로 뒤덮인 날개가 있다. 나비목은 17만 종 이상이 알려졌는데, 대부분 크기가 작고 눈에 띄지 않는다. 가장 잘 알려진 것은 나비로, 약 1만 4000종이 있으며 크기가 크고 주행성(야행성과 반대)이며 대개 색깔과 무늬가 아름답다. 나방은 야행성이다.

파리목Diptera은 검정파리, 등에처럼 우리가 흔히 파리라고 부르는 종뿐 아니라 모기나 각다귀, 깔따구도 포함한다. '디프테라'라는 라틴명은 날개가 두 개라는 사실에서 유래한다(di는 '둘'이라는 뜻이고,

ptera는 '날개'라는 뜻이다). 반면 다른 곤충들은 앞서 말한 것처럼 날개가 네 개다. 파리목의 뒷날개는 비행 중에 균형 잡는 것을 돕는 곤봉 모양의 작은 장치로 용도가 변경되었다. 세계적으로 적어도 15만 종 이상의 파리목 곤충이 알려져 있다.

노린재목Hemiptera, true bug은 8만 종이나 되지만 대체로 사람들에게 낯설다. 노린재목에는 노린재, 빈대, 소금쟁이, 매미, 진딧물, 깍지진디처럼 각양각색의 곤충이 포함된다. 노린재목 곤충의 입은 모두 부리 모양이며, 이것으로 먹이―포식자나 흡혈종도 몇몇 있지만 대개 식물의 수액을 빨아먹는다―를 빨대처럼 빨아들인다. 우리는 온갖 작은 생물을 묘사할 때 흔히 '벌레bug'라고 부르지만, 영어로 '진짜 벌레true bug'라는 단어는 노린재목이라는 특정 곤충 집단을 가리킬 때 쓰인다.

잘 알겠지만 거미는 곤충이 아니다. 곤충처럼 절지동물문이지만 진드기, 전갈, 통거미harvestmen(여덟 개의 다리 중 두 개가 베틀을 따라 앞뒤로 미는 것처럼 움직이기 때문에 노르웨이어로는 '베 짜는 여인'으로 알려졌다)와 함께 거미강에 속한다.

노래기, 지네, 쥐며느리도 곤충이 아니다. 곤충이라기에는 다리가 너무 많은 이들은 다른 종류의 무척추동물에 속한다. 귀여운 톡토기는 다리가 여섯 개로 곤충에 가깝지만, 곤충은 아니다. 그렇지만 곤충 연구가들은 대체로 다족류를 매우 좋아한다. 그래서 곤충을 이야기할 때 보통 톡토기와 거미를 포함시킨다. 이 책도 마찬가지다.

2장
곤충의 섹스

: 연애, 짝짓기, 부모 되기

곤충이란 동물 집단이 크게 성공한 원인은 무엇일까? 어떻게 이렇게 많은 종, 이렇게 많은 개체가 존재할까? 간단히 말하면 곤충은 작고 순응적이고 성적이기 때문이다.

지구상의 생명체는 나노미터 단위의 미코플라스마와 세균부터 키가 100미터 이상 자라는 미국 캘리포니아의 거대한 레드우드(미국삼나무)까지 다양하며, 크기의 범위가 10의 10제곱에 달한다. 곤충은 사람의 머리카락 단면보다 작은 수컷 총채벌에서 팔 길이만 한 대벌레(19쪽 참조)에 이르며, 크기의 범위는 10의 6제곱까지에 해당한다. 곤충은 다른 동물들보다 대단히 작다. 그래서 작은 공간에서도 적들로부터 몸을 피할 수 있고, 큰 생물들이 관심을 두지 않는 자원을 이용할 수 있다.

곤충은 융통성과 적응력이 뛰어나다는 점에서 대단히 순응적이다. 곤충은 보잘것없는 크기에도 불구하고 날개 덕분에 엄청나게 넓은 영역으로 퍼져나갔다. 그리고 삼차원 공간을 장악하면서 훨씬 많은 영양원에 접근하게 되었다. 곤충 대부분이 성충과 전혀 다른 형태로 어린 시절을 보낸다는 사실은(26쪽 참조) 한살이의 단계별로 완전히 다른 서식처와 먹이원을 사용한다는 뜻인데, 이 때문에 어린 개체가 성충과 먹이를 두고 싸우지 않아도 되므로 매우 유리하다.

마지막으로 중요한 사실은 곤충의 놀라운 번식력이다. 신이 인간에게 "자식을 많이 낳고 번성하여 땅을 가득 채우고 지배하여라"(「창세기」 1장 28절)라고 말씀하셨다는데, 이 말을 엿들은 초파리가 자기에게 한 말로 여긴 게 틀림없다. 잘 들어보시라. 초파리 암수 한 쌍을 이상적인 조건에서 1년간 키웠다고 해보자. 초파리는 1년에 25번 번식할 수 있고, 초파리 암컷은 한 번에 알을 100개 정도 낳는다. 알이 부화해 모두 성체가 되고 그중 절반이 암컷이며 짝짓기하여 각각 100개씩 알을 낳는다고 하자. 1년이 지나 25번째 세대가 되면 그것만으로도 1트레데실리온 마리의 작고 귀여운 빨간 눈의 초파리가 된다. 트레데실리온은 10의 42승, 즉 1 뒤에 0이 42개 붙는 수다. 이 수를 보다 실감 나게 표현하자면, 1트레데실리온 마리의 초파리를 한데 모아 최대로 압축해 커다란 초파리 공을 만들면 지름이 지구와 태양 사이의 거리보다 긴 구체가 된다. 초파리에게 적이 많은 것은 참으로 잘된 일이다. 그렇지 않으면 지구에는 인간이 발을 딛고 살 장소가 없을 테니까.

(우리에게는 다행히도) 곤충이 낳는 알 대부분은 성충의 삶을 맛보

지 못한다. 가정을 채 꾸리기도 전에 굶어 죽거나 잡아먹히거나 그밖에 어떤 식으로든 죽는다. 참으로 가혹한 투쟁이다. 오랜 시간에 걸쳐 곤충은 특히 짝 선택과 번식의 측면에서 믿기 힘든 수준으로 적응했다. 이 장에서 그 일부를 살펴보자.

●————— 곤충의 50가지 엽기적인 그림자 —————●

곤충의 감각은 짝을 탐색하는 데 결정적으로 중요하고, 경쟁은 말도 못하게 치열하다. 그러나 수컷이 암컷을 만났다고 해서 투쟁이 끝난 건 아니다. 반대로 진정한 전쟁은 이제부터 시작이다. 자신의 유전 물질을 자손에게 최대한 많이 전달하는 방법을 두고 암컷과 수컷이 생각하는 바가 다르기 때문이다. 예컨대 암컷이 짧은 기간에 여러 수컷과 짝짓기하는 일은 드물지 않다. 수컷은 이를 달가워하지 않는데, 자신의 정자가 다른 정자와 경쟁해야 한다는 뜻이기 때문이다. 결과적으로 많은 곤충 수컷이 온갖 기발한 모양의 긁개, 국자, 숟갈 등이 완비된 스위스 군용 칼 같은 생식기를 갖추었다. 그 용도는 자기 정자를 넣기 전에 안에 먼저 들어가 있는 다른 정자를 제거하는 것이다.

이 연장 세트는 자기 앞의 수컷이 다른 기술을 시도했을 때도 쓸모가 있다. 여기서 다른 기술이란 아예 암컷의 생식기를 막아버리는 것이다. 즉, 일종의 맞춤형 정조대를 만들어 암컷이 다시 짝짓기하지 못하도록 방지한다. 그러나 이 방법은 다음 수컷이 긁개, 갈고리 막대, 고리 등으로 마개를 제거하고 접근하면 그만이므로 효과에 한계가 있다. 촛불과 부드러운 애무는 무슨.

수컷이 사용하는 다른 전략에는 암컷에게 정자를 최대한 많이 전달하거나 애초에 암컷이 다른 수컷과 시간을 보내지 못하게 하는 방법이 있다. 그러기 위해 수컷은 최대한 교미를 오래 하는데, 어떤 종은 그 정도가 지나치다. 남쪽풀색노린재*Nezara viridula*는 수입 식품 속에 숨어 밀항하는 방식으로 영국을 포함한 전 세계에 확산한 종으로, 꼬박 10일 동안 교미 상태를 유지한다. 그런데 이 노린재도 인도대벌레에 비하면 아무것도 아니다. 인도대벌레는 79일이라는 말도 안 되는 시간 동안 암컷과 붙어 극한 스포츠나 다름없는 인도식 탄트라 섹스를 한다.

교미 시간을 연장하는 것도 모자라서 수컷은 종종 첫날밤 이후 암컷의 행적을 주시한다. 잠자리와 가까운 친척인 푸른 실잠자리가 쌍으로 날아다니거나 함께 앉아 있는 모습을 본 적이 있는지? 이 커플은 때로 함께 다정하게 하트 모양을 만들기도 하지만 이 행동은 우리가 생각하는 로맨스와는 상관이 없다. 이 자세의 유일한 목적은 커플이 함께 수정시킨 알을 (수컷이 바라는 대로) 적당한 수생 식물 위에 낳을 때까지 암컷이 어떤 경쟁자와도 짝짓기하지 못하도록 감시하는 것이다.

세상에 나쁜 곤충은 없다

이처럼 버거운 요구가 많은 경쟁 상황에서는 훌륭한 장비가 필수적이다. 그런 면에서 초파리의 한 종인 드로소필라 비푸르카*Drosophila bifurca*는 나무랄 데 없는 장비를 갖추었다. 부엌에서 사람들을 미치게 만드는 초파리의 가까운 친척인 이 종은 세계에서 정자가 가장 긴 자랑스러운 기록을 보유했다. 정자의 길이가 6센티미터에 육박해 몸길이보다 20배나 더 길다. 인간 남성으로 치면 정자의 길이가 핸드볼 경기장 길이만 하다고나 할까? 어떻게 이게 가능할까?

그 비결은 정자의 대부분을 차지하는 가느다란 꼬리가 공처럼 뭉쳐 있기 때문이다. 이 정자의 사진을 확대하면 냄비에 물을 넉넉히 넣지 않고 스파게티 면을 삶았을 때의 상태와 비슷하다. 정자는 왜 이렇게 길어졌을까? 긴 정자는 우사인 볼트(자메이카 출신의 세계적인 육상 단거리 선수 — 옮긴이)에 대한 초파리 생식계의 답이다. 꼬리가 길수록 다른 경쟁자를 제치고 알을 수정시키는 시합에서 이길 가능성이 크기 때문이다.

별난 세상에 있는 우리는 빈대에서 벗어날 수 없다. 갈라진 벽의 틈새, 아파트 침대, 그리고 전 세계 호텔에 숨어 있는 흡혈 악당 말이다. 이놈들은 어둠이 깔리면 슬금슬금 기어 나와 잠든 사람의 몸에 주둥이를 꽂고 피를 빨아댄다. 빈대는 휴가지에서 가져오고 싶은 기념품이 절대 아니지만 점차 세계적으로 문제가 되고 있다. 사람들이 여행을 많이 다니기 때문이기도 하지만, 무엇보다도 빈대가 살충제 대부분에 내성이 생겨 더 이상 쉽게 죽지 않기 때문이다.

2장 곤충의 섹스
: 연애, 짝짓기, 부모 되기

어쨌든, 여기서 말하려는 것은 빈대를 비롯한 일부 노린재목 수컷들이 전희 같은 것은 아예 하지 않는다는 점이다. 심지어 암컷의 생식기 입구를 찾는 최소한의 성의도 보이지 않고 자기 생식기를 암컷의 배에 아무렇게나 찔러 넣고 정자가 알아서 난자를 찾아가게 한다. 이 과정에서 암컷은 보통 상처를 입고 다른 수컷과 교미할 수 없게 된다. 이런 방식으로 수컷은 암컷이 낳을 새끼의 확실한 아빠가 되려고 한다. 그러나 암컷 역시 배에서 가장 빈번하게 상처를 입는 부분을 보강해 부상을 최소화하도록 진화했다. 이처럼 암컷과 수컷 사이의 전투는 쌍방적이고, 양편 모두 진화적 관점에서 자신에게 가장 이로운 것을 위해 싸운다.

● ──── 내 아이의 아빠는 내가 고른다 ──── ●

(대부분 남자였던) 초기의 곤충학자들은 모든 것을 수컷의 관점에서 보는 경향이 있었다. 그러나 현대에 들어와서는 곤충 암컷이 자신의 이익을 도모하는 사례가 많이 발견되고 있다.

그중 하나가 암컷이 교미를 끝내면 수컷을 잡아먹는 현상이다. 이 행위는 곤충의 먼 친척인 거미에서 가장 흔하다. 예를 들어 미국닷거미fish spider 수컷은 교미 중에 죽는데, 정자를 전달하자마자 생식기가 터져버리기 때문이다(삭막한 과학 용어로 표현하면 "우리는 교미로 인한 수컷의 불가피한 죽음과 성기 절단의 결과를 관찰했다"). 그리고 자식을 위해 먹힌다. 수컷이 선택한 암컷은 무게가 14배나 더 나가는 거구지만, 수컷의 빈약한 몸조차 유용한 단백질 영양제가 된다. 수백 개의 알을 준비하려면 아무리 적은 음식이라도 버리기엔 아쉬운 법이니까.

사마귀 역시 성적인 동족 포식으로 유명하다. 그렇지만 야외 연구에 따르면 자연환경에서는 수컷이 암컷의 저녁 메뉴로 생을 마감하는 일이 인위적인 실험 환경에서보다 드물다. 어미 곤충은 이외에도 수많은 꿍꿍이를 품고 있는데, 연구 결과에 따르면 암컷은 누구를 아이의 아버지로 삼을지를 은밀하게 통제할 수 있다. 여기에는 매우 많은 메커니즘이 관여한다. 정자가 난자에 도달하는 과정은 고요한 물속에서 여유를 즐기는 것보다는 오히려 장애물 경주에 가깝다. 암컷은 흔히 수정 전에 몸속의 특별한 '정자은행'에 정자를 저장한 다음, 어떤 정자를 남겨두었다가 나중에 사용할지를 여러 방식으로 조절한다.

한 과학자가 이를 증명하기 위해 기발하지만 잔인한 실험을 했다. 그녀는 거저리 flour beetle 암수를 각각 두 집단으로 나눈 다음 수컷의 절반을 굶겨 유전자가 나약하고 열등한 개체로 보이게 했다. 그리고 결과에 영향을 주지 못하도록 암컷도 절반을 죽였다. 암수를 합치자, 굶은 수컷이나 잘 먹은 수컷 모두 살아 있는 암컷은 물론이고 갓 죽은 암컷과도 교미를 했다. 이제부터가 진짜 놀라운데, 암컷 몸속의 정자은행을 확인해보았더니, 죽은 암컷에서는 잘 먹은 양질 수컷과 굶주린 저질 수컷의 정자가 동일한 양으로 검출되었지만, 살아 있는 암컷의 몸속에는 잘난 수컷의 정자가 훨씬 많이 들어 있었다. 이 결과는 양질의 강한 수컷이 자손의 아버지가 되게 하기 위해 암컷이 적극적으로 나서서 전 과정을 통제한다는 사실을 보여준다.

남자 없는 삶

대를 이어야 하는 어려운 과업을 수행하는 방법은 숱하게 많다. 그리고 곤충은 거의 모든 유형에서 사례를 제공한다. 일반적으로 생식은 암컷과 수컷이 둘 다 있어야 하는 유성생식이 가장 흔한데, 이는 곤충도 마찬가지다. 그러나 많은 곤충이 독신으로 살아가면서도 대를 지속한다. 사실 곤충 중에는 단성생식(처녀생식: 난자가 정자에 의해 수정되지 않고 발생하여 개체가 되는 생식 방식 — 옮긴이)을 주기적으로 실행하는 종들이 여럿 있다. 예를 들어 진딧물 암컷은 단성생식으로 봄철 장미 덤불에서 빠르고 효율적으로 베이비 붐을 일으킨다. 이들은 알이 부화할 때까지 기다릴 여유가 없으므로, 수정하지 않은 난자에서 새로운 개체를 발생시킨 다음 바로 새끼를 낳는다. 그게 다가 아니다. 어떤 진딧물 종은 암컷이 마치 러시아 인형 마트료시카 같아서 뱃속에 품고 있는 새끼 진딧물이 이미 새로운 암컷 진덧물을 임신한 상태다.

이쯤 되면 장미 덤불이 온갖 생명으로 가득 찬 것도 놀랍지 않다. 그러나 수컷이 없다고 해서 이들이 '독신 생활'을 한다고 말할 수 있을지는 의문이다. 어느새 장미 덩굴에는 모두 함께 지낼 자리가 부족해진다. 이때까지 아가씨들은 날개가 없었지만, 이제 날개가 생긴 암컷 몇 마리는 이웃 덤불로 이주해 새롭게 대량 생산을 시작해야 할 시간이다.

낮이 짧아지면서 기온이 낮아지고 가을이 오면 변화가 일어난다. 진딧물 암컷들은 수컷과 암컷을 모두 생산하는 체제로 전환한다. 그러면 암수가 교미하여 수정된 알을 낳는다. 이 알이야말로 진딧물이 겨울에 살아남을 수 있는 유일한 방법이다. 암컷이 적당한 다년생 식물 위에 알을 낳는다. 봄이 오면 알은 단성생식하는 새로운 암컷으로 부화한다. 그리고 삶은 다시 시작된다.

그렇다면 한 계절이면 처녀 진딧물 한 마리가 사람 수보다 많은 자식, 손주, 증손주의 유일한 조상으로 섬김을 받는 상황에서 수컷이 무슨 소용이 있을까? 절반이 아닌 무리 전체가 자손을 생산할 수 있다면 그게 더 생산적이지 않을까?(연애에 낭비할 시간을 절약한다는 점은 말할 것도 없다)

생물학자들은 동식물이 두 개의 성을 가지게 된 이유를 오랫동안 고민해왔고 여전히 논쟁하고 있다. 단성생식의 특징 중 하나는 모든 개체가 유전적으로 동일하다는 점인데, 이는 환경이 달라졌을

2장 곤충의 섹스
: 연애, 짝짓기, 부모 되기

때 종이 거기에 맞춰 변화할 여지가 없다는 면에서 불리하다. 두 개체의 유전 물질을 섞는 유성생식은 결과적으로 유전 변이를 촉진하고 해로운 돌연변이를 솎아내는 훌륭하고도 필수적인 방식이다. 성별이 두 가지인 경우의 또 다른 편리한 점은 종이 여러 전략을 구사할 수 있다는 것이다. 하나는 수가 적지만 크고 영양이 많은 성세포인 난자를 가지는 반면, 다른 하나는 수가 많고 이동성이 있는 성세포인 정자를 가진다.

여왕님, 만세무강하소서!

진딧물만이 철저한 암컷 중심의 사회에 사는 것은 아니다. 지금까지 여러분이 주위에서 본 개미, 말벌, 꿀벌은 하나같이 암컷이었을 확률이 매우 높다. 어쨌거나 극소수의 예외는 있겠지만.

벌집 공장 노동자로서의 삶에 싫증을 느낀 수벌 배리가 주인공인 미국 애니메이션 〈꿀벌 대소동〉을 기억하시는지? 생물학적 측면에서 이 영화는 설정이 잘못되었다. 같은 맥락에서 셰익스피어의 희곡 『헨리 5세』 역시 왕이 벌집의 수많은 거주자를 감독한다고 표현한 부분이 잘못되었다. 벌집의 일벌은 수컷이 아니며 왕을 모시고 살지도 않는다.

꿀벌의 세계에서는 암컷이 모든 중요한 일을 결정하고 실행한다.

모든 일벌은 암컷이고 이들의 지배자는 여왕이다. 수컷은 가을의 짧은 기간에만 살고 새로운 여왕과 짝짓기를 하는 한 가지 역할만 한다. 심지어 수벌은 먹이를 찾아다닐 필요도 없이 암컷 일벌이 주는 대로 받아먹기만 한다.

하지만 우리는 셰익스피어와 영화사 드림웍스, 그리고 지금까지 잘못 알고 있던 사람들을 용서해야 한다. 왜냐하면 이 오해는 아주 오래전에 시작되었고 사실이 제대로 알려지지 않았기 때문이다. 고대 그리스인들은 벌의 한살이를 알아내려고 애썼지만 아무리 끼워맞추려고 해도 도저히 앞뒤가 맞지 않았다. 고대 그리스인들은 이렇게 생각했다. 대개 꿀벌에는 침이 있다. 그런데 여성이란 존재는 그런 무시무시한 무기를 장착할 수 없다. 게다가 다혈질의 사격수가 여자라면, 반대로 꿀 모으기조차 귀찮아하는 크고 굼뜬 놈이 남자라는 뜻인데 그건 말도 안 된다. 안 그런가?

지칠 줄 모르는 무서운 일꾼들과 그들의 주군이 모두 여성이며, 반대로 게으른 한량은 남성이라는 사실은 1600년대 말에 현미경이 해부에 사용되면서 밝혀지기 시작했다. 그러나 벌이 진짜로 어떻게 세상에 나오는지를 이해하기까지는 200년이 더 걸렸다. 왜냐하면 누구도 꿀벌이 교미하는 장면을 보지 못했기 때문이다. 따라서 당시에는 멍청한 게으름뱅이인 수벌이 '정자의 냄새'라는 비현실적인 방식으로 적당히 떨어진 거리에서 원격으로 여왕을 수정시킨다고 믿었다.

2장 곤충의 섹스
: 연애, 짝짓기, 부모 되기

1700년대 후반에 들어서야 설레는 마음으로 외출한 여왕벌이 생식기 입구에 수컷의 생식기를 달고 벌집으로 돌아오는 모습이 관찰되었다. 그것은 그녀를 추종하는 수벌 무리 중에서도 간택받은 행운의 승자가 남긴 신체의 일부였다. 여왕은 무리 중에서 여러 마리와 교미한다. 그리고 1억 개에 달하는 정자를 특별한 내부 정자은행에 저장했다가 평생 필요할 때마다 조금씩 꺼내어 쓴다.

그러나 수벌에게 교미는 살면서 죽기 전에 마지막으로 하는 일이다. 정자가 전달되는 과정은 폭발이나 다름없다. 너무 강력해서 생식기가 터지며 복부에서 떨어져 나가고 수벌은 이내 죽는다. 미국 속담을 빌리면 '사자처럼 왔다가 양처럼 지나간다.' 이 행위는 너무 극단적이라 심지어 타블로이드 신문이 지면의 몇 줄을 할애하도록 영감을 주었고,《선Sun》은 다음과 같은 헤드라인을 실은 적도 있다. "수벌의 고환은 오르가슴에 도달하는 순간 '폭발'한다."

•───── 비욘세는 옳다 ─────•

오늘날 음악 팬들은 미국 팝 디바 비욘세 놀스Beyoncé Knowles를 '퀸 비Queen B(여왕벌)'라고 부른다. 몇 년 전에는 세계 미디어들이 신종 등에 비욘세의 이름을 딴 스캅티아 베이옹케아이Scaptia beyonceae란 이름이 붙었다고 보도하는 바람에 벌레들이 예상치 않게 유명세를 치렀다.

비욘세 등에가 그 이름을 얻게 된 이유는 두 가지다. 첫째, 이 등에는 비욘세가 태어난 해인 1981년에 처음 채집되었다(신종으로 확인되어 명명된 건 나중이었다). 둘째, 더 중요한 점은 비욘세 등에의 아름다운 뒤태에 있다. 이름을 붙인 과학자들이 이 둔부의 잘 다듬어진 금색 털을 보고 비욘세가 몸에 달라붙고 반짝거리는 드레스를 입었을 때의 뒷모습을 떠올렸기 때문이다(나는 여성 곤충학자들이 많아져서, 날개 달린 남성적인 어깨나 선명한 복근으로 곤충의 이름을 지을 날이 오길 손꼽아 기다린다).

비욘세가 얼마나 으쓱했을지는 모르겠다. 이 등에가 머나먼 오스트레일리아 내륙에서 발견된 종이라는 점을 생각하면 그녀가 이 사실을 알고 있는지조차 확실치 않다. 등에는 꽃을 찾아다니며 꽃가루받이에 이바지하는 동물이지만, 한편으로는 사람과 가축을 아프게 물고 병을 옮기는 성가신 존재이기도 하다. 어쨌든 이런 일들이 벌어지는 가운데 비욘세는 노래 가사에서 다음과 같은 질문을 던지며 엄청난 히트작을 선보였다. "누가 이 세상을 이끌까?" 아마 그 답은 예상할 수 있을 것이다. 여자들!(비욘세의 노래 'Run the World(Girls)'—옮긴이)

비욘세가 곤충 세계를 염두에 두고 이 노래를 부른 건 아니겠지만 틀린 말은 아니다. 곤충은 지구에 존재하는 모든 수컷과 암컷의 수를 세었을 때 암컷이 더 많게 만든 장본인이기 때문이다. 세균, 자웅동체, 그 밖에 성이 불분명한 생물을 제외한 동물 중에서 암컷의 비율

2장 곤충의 섹스
: 연애, 짝짓기, 부모 되기

을 조사하면 곤충처럼 극도로 수가 많은 집단의 일부는 확실히 암컷이 지배한다. 830억 마리의 일벌이 모두 암컷이고, 일개미 역시 암컷이다. 참고로 지구에는 상상도 할 수 없을 만큼 많은 개미가 있다. 정확한 수치에 대한 합의는 없지만, 영국 BBC에 따르면 지구상에서 수가 가장 많은 곤충은 개미다. 진딧물처럼 수가 많은 다른 종들도 1년 중 특정 시기에는 암컷이 훨씬 더 많다(64쪽 참조).

물속에 사는 종들이 육지를 장악한 암컷의 수를 상쇄할 수 있을까? 바다에는 칼라누스 핀마르키쿠스*Calanus finmarchicus*를 포함한 요각류처럼 육지의 곤충에 해당하는 소형 갑각류가 수적인 면에서 크게 우세하다. 이들의 성별 분포는 고른 편이지만, 과학자들에 따르면 때때로 암컷이 훨씬 많아진다. 지구상에 엄청나게 많은 닭과 소조차 일반적으로 황소나 수탉이 암소나 암탉에게 수가 밀린다. 일부 편형동물이나 육지거북을 비롯해 전형적으로 수컷의 수가 더 많은 생물도 있지만, 불균형을 바로잡을 정도는 아니다. 이런 측면에서 보면 퀸 비가 옳다. 개체 수로 보면 이 세계를 움직이는 것은 '여성'이다. 절대적으로 암컷이 지배하는 곤충과 개미 덕분에.

• —— 어느 집안의 모호한 족보 —— •

어떻게 꿀벌, 개미, 그리고 많은 말벌이 그렇게 한쪽으로 성별이

치우친 사회를 형성할 수 있을까? 그 비밀의 일부는 새끼의 성이 결정되는 방식에 있다. 인간과 다른 많은 곤충은 성염색체가 모든 것을 결정한다. 그러나 앞의 곤충들은 성염색체가 없다.

곤충의 성은 알의 수정 여부에 따라 결정되는데, 이는 여왕이 결정한다. 여왕만이 알을 낳을 수 있기 때문이다. 여왕이 난자를 정자와 수정시키면 암컷이 되고, 유충 단계에서 받는 영양의 종류에 따라 일꾼 또는 여왕이 된다. 수정되지 않은 알은 수컷이 된다.

이 시스템에서는 여왕이 평생 한 마리의 수컷과 교미할 경우, 여왕의 딸들은 자신의 잠재적 자손보다 자매들끼리의 유전적 근친도가 더 높아지는 희한한 상황이 된다. 아버지의 정자는 유전 물질이 모두 동일하므로 딸들이(이 아버지는 아들을 가질 수 없다. 기억하라, 수컷은 수정되지 않은 알에서만 나온다) 모두 같은 유전자를 물려받기 때문이다. 그렇다면 딸들은 새끼를 낳는 대신 새로운 여왕을 포함해 자매들을 거둬 먹이는 편이 더 이로울 것이다. 이 전략을 사용하면 자신의 유전 물질이 더 많이 전달되기 때문이다(자식에게는 절반만 간다 — 옮긴이).

오랫동안 사람들은 이것이 자식을 낳지 못하는 일꾼이 다수를 차지하는 사회적 곤충의 요지경 세상을 설명해준다고 생각했다. 그러나 이제 우리는 꿀벌 여왕이 여러 수컷과 교미한다는 것을 안다. 그리고 또 다른 사회적 곤충인 흰개미의 경우는 성별이 알의 수정 여부에 따라 결정되지 않으므로 앞의 가설로는 설명되지 않는다. 어떤 메커니즘으로 이 현상을 설명할지는 과학자들 사이에서 열띤 논쟁이 진행되고 있다. 어쨌든 이 특이한 시스템에서는 수벌의 가계도를 그릴 때 생각지 않은 어려움이 예상된다. 수벌은 수정되지 않은 알에서 태어났으므로 아버지가 없다. 그러나 할아버지, 정확히 말하면 외할아버지는 있다. 수벌에 비하면 내 자식, 당신의 자식, 우리의 자식들을 포함하는 인간의 족보는 정말 단순하다.

● ──── 부모가 된다는 것 ────●

대체로 곤충의 어미는 알을 낳으면 맡은 바 임무를 완수했다고 생각한다. 그러나 예외도 있다. 어떤 곤충들은 젖병을 물리고 기저귀를 갈아주면서 정성을 다해 자기 새끼를 양육한다. 이 발견은 사람들과의 대화 소재 이상으로 유용하다. 생물학자들은 부모가 새끼의 양육에 관여하는 종과 관여하지 않는 종들의 전략을 연구하거나 종을 조작해 부모의 태도가 자식의 생존에 미치는 영향을 관찰함으로써 곤충의 생태와 진화에 관해 많은 것을 배웠다.

예를 들어 바퀴벌레의 한 종류인 디플롭테라 푼크타타*Diploptera punctata*는 살아 있는 새끼를 낳는데, 이 말은 알이 어미의 뱃속에서 부화한다는 뜻이다. 부화한 약충을 크고 튼튼하게 키우려면 양분을 주어야 한다. 바퀴벌레에게는 탯줄을 통해 새끼를 먹일 수 있는 따뜻하고 안락한 자궁이 없다. 대신 복부에 특별한 분비샘이 있어서 액체 형태로 우유 단백질을 분비한다. 이 '우유'는 단백질, 탄수화물, 지방이 최적의 비율로 섞인 전투식량과 같다. 이 우유가 인간의 새로운 슈퍼푸드로 주목받게 될 거라고 주장하는 사람도 있지만, 바퀴벌레의 젖을 짜는 데는 상당한 시간이 걸릴 테니 차라리 합성하는 편이 나을 것이다.

인기 없는 또 다른 곤충인 사슴파리도 비슷한 한살이를 보낸다. 사슴의 피를 빨아먹는 기생충인 사슴파리는 버섯 채취가 절정인 시기에 떼 지어 날아다닌다. 사람을 물지는 않지만 몰려다니며 몸에 들러붙고 날개를 떨어뜨리고 머리에서 기어 다니며 짜증나게 한다. 그러나 말코손바닥사슴에게는 그냥 좀 성가신 정도가 아니다. 2007년 노르웨이 수의학 연구소에서 해부한 어느 말코손바닥사슴은 무려 1만 마리의 사슴파리에 감염되어 있었다.

사슴파리 알 역시 어미의 뱃속에서 부화하고, 유충은 어미 몸속의 특별한 분비샘을 통해 '젖을 먹는다.' 반면 어미는 말코손바닥사슴의 털에 편안하게 자리 잡고 지낸다. 새끼는 고치 형태로 '태어나' 검고 단단한 흑단 구슬이 되어 땅에 떨어진다. 그 상태로 가을까지 기다리다 우화하면 새로운 한살이가 시작된다.

다른 곤충들도 자식을 먹이고 기른다. 사회적 곤충 중에는 자매가 어린 동생의 유모로 일하는 경우가 많다. 어미도 부지런하기는 마찬가지다. 흰개미 여왕은 평생 3초에 한 번씩 알을 낳는다. 이쯤 되면

2장 곤충의 섹스
: 연애, 짝짓기, 부모 되기

여왕이 언니의 도움을 받는 게 당연하다.

엉덩이에 집게가 달린 길쭉한 갈색 집게벌레는 유난히 다정한 엄마다. 기저귀를 간다고까지 할 수는 없지만, 알을 감시하면서 곰팡이 포자를 치우고 곰팡이가 자라지 못하게 특별한 물질로 닦는다. 그러다 알이 부화하면 작은 약충을 먹이고 키운다. 실험에 따르면 집게벌레 어미의 애정 어린 보살핌 덕분에 알의 부화율은 4퍼센트에서 77퍼센트까지 올라간다. 송장벌레Sexton beetle 역시 부모가 자식을 돌보는 보기 드문 곤충이다(161쪽 참조).

이것은 엄마들만의 문제가 아니다. 노르웨이는 스칸디나비아반도에서 가장 높은 성 평등 수준을 자랑하지만, 이 작은 동물들의 경우는 다른 나라들이 훨씬 앞서 있다. 아마 노르웨이에는 물장군과 Belostomatidae 곤충이 하나도 없기 때문일 것이다. 발가락을 무는 벌레, 또는 전구 벌레라고도 알려진 물장군과 곤충은 '육아 휴가'를 아버지가 받는다. 이 아버지는 배다른 자식들을 도맡아 보살핀다. 교미 후 어미가 아비의 등에 예쁘게 열을 지어 조르르 알을 낳고 나면 돌보는 것은 아비의 일이다. 물에 떠다니며 알이 마르거나 익사하지 않게 지킨다. 그럼 어미는? 헨리크 입센의 희곡 『인형의 집』에 나오는 노라처럼 제 갈 길을 간다.

자식을 위해 극단적이고 야만적으로 모성을 발휘하는 곤충들도 있다. 이들은 새끼 옆에 머물며 돌보는 대신 부화한 유충 앞에 신선한 고기를 대령하는데, 그러기 위해 다른 생물의 몸에 알을 낳는다.

다음 장에서 곤충들이 서로 잡아먹고 먹히는 이상한 생활방식을 알아보자.

3장
먹느냐 먹히느냐

: 곤충의 먹이사슬

　곤충의 세계에서 성공의 기준은 간단하다. 번식할 수 있을 때까지 오래 살아남는 것이다. 살아남으려면 먹어야 한다. 곤충의 삶은 먹기, 그리고 먹히지 않기 이렇게 두 가지로 나뉜다.

　많은 곤충들이 서로 잡아먹는다. 연인과 헤어지는 방법에는 50가지가 있다지만 곤충이 연인을 포함한 다른 생물을 먹는 방법은 더 많다. 안에서부터 먹을 수도, 바깥에서부터 먹을 수도 있다. 알을 먹을 수도, 유충을 먹을 수도, 성충을 먹을 수도 있다. 턱으로 씹어 먹을 수도, 빨대로 빨아 먹을 수도 있다. 아니면 아예 먹지 않고 버티는 방법도 있다. 실제로 상당히 많은 곤충이 유충일 때만 먹고 성충이 되면 전혀 먹지 않는다.

　먹지 않으면 먹힌다는 잔혹하지만 단순한 삶의 규칙이 용납되는 곤충의 세계에서 이들은 잡아먹히지 않기 위해 극단적인 행동을 서슴치 않는다. 어떤 곤충은 위장술로 몸을 감추거나 (이왕이면) 위험

세상에 나쁜 곤충은 없다

하거나 먹을 수 없는 것으로 변장하고 숨어서 산다. 군중 속에 몸을 숨기고 사라지거나 기발한 방법으로 타인과 협동하기도 한다. 먹잇감이 되지 않으면서 양분을 얻으려는 곤충의 전략은 입이 떡 하고 벌어질 정도로 놀랍지만 대개는 방법이 악랄하기 그지없다. 이 사실을 독자 여러분에게 알리지 않는 것은 큰 잘못일 것이다.

● ──── 다윈의 불편한 마음 ────●

기생충을 예로 들어보자. 많은 곤충이 이른바 포식성 기생체다. 결국엔 숙주를 죽인다는 뜻이다. 숙주는 종종 안쪽에서부터 먹힌다. 포식성 기생체의 유충은 동물, 예를 들면 다른 곤충의 몸속에서 부화하여 천천히 그러나 끝까지 야무지게 숙주의 내장을 모두 먹어 치운다. 이 과정은 치밀하게 진행된다. 유충은 숙주가 목숨을 부지하는 데 필요한 기관은 마지막 순간까지 남겨둔다. 신선한 고기가 더 좋은 법이니까. 숙주는 보통 유충이 배불리 먹고 성충이 될 준비를 마쳤을 때 숨이 끊어진다.

1800년대의 자연사학자들과 이론가들은 이 사실을 깨닫고 몹시 혼란스러워했다. 정의와 사랑의 신이 생명을 창조한 뜻에 어긋나기 때문이다. 다윈 역시 이 사실과 씨름했다. 1860년에 다윈은 미국인 동료 아사 그레이Asa Gray에게 다음과 같이 썼다. "나는 자애롭고 전

능하신 신께서 살아 있는 애벌레의 몸에서 먹이를 구하는 맵시벌을 계획적으로 창조했다는 사실을 도저히 받아들일 수가 없네."

곤충 세계에는 '더한 일'도 있다는 사실을 알았다면 그는 뭐라고 했을까?

•─────── 좀비와 영혼 흡수자 ───────•

아름다운 초록색 눈을 가진 기생성 말벌 디노캄푸스 코키넬라이 *Dinocampus coccinellae*는 암컷이 무당벌레의 몸에 산란관을 꽂고 알을 낳는다. 부화한 유충은 이후 20일 동안 무당벌레의 장기를 먹고 산다. 그리고 불쌍한 무당벌레의 목숨이 붙어 있을 때 배를 태연히 비집고 빠져나온다. 이제 말벌 유충은 무당벌레 다리 사이에서 생사로 자기 몸을 둘둘 감아 공 모양의 번데기가 된다.

그다음에 놀라운 일이 벌어진다. 무당벌레의 행동이 돌변한다. 마치 살아 있는 방패처럼 그 자리에 서서 꼼짝도 하지 않는다. 만약 굶주린 적들이 말벌 번데기에 접근이라도 할라치면 무당벌레는 다리를 홱 하고 움직여 그들을 겁주고 물러나게 한다. 이제까지 제 몸을 파먹은, 하지만 이제는 무력해진 괴물을 자처해서 보호하는 것이다. 이런 이해할 수 없는 행동은 번데기가 우화하여 무당벌레를 방치한 채 날아갈 때까지 일주일 정도 지속된다.

세상에 나쁜 곤충은 없다

여기서 의문은 어떻게 말벌의 어미가 무당벌레를 조종해 좀비 베이비시터로 바꾸느냐다. 어미는 이미 몇 주 전에 알을 낳고 사라졌는데 말이다. 그 답은 말벌의 어미가 무당벌레에 알과 함께 주입한 바이러스에 있다. 이 바이러스는 무당벌레의 뇌에 잠복해 있다가 말벌 유충이 비집고 나오는 시점에 무당벌레를 마비시킨다. 뇌를 바이러스에 빼앗긴 무당벌레는 이유식을 제공하는 것은 물론 베이비시터 노릇까지 한다. 이 상황에서 말할 수 있는 유일하게 좋은 일은, 믿을 수 없게도 어떤 무당벌레는 이 모든 시련을 겪고도 살아남는다는 사실이다.

디멘터 말벌의 먹잇감이 된 바퀴벌레의 경우도 별로 운이 좋지 않다. 『해리 포터』에 나오는 디멘터를 기억하는지. 디멘터는 망토를 펄럭이며 사람들의 영혼을 빨아들이는 괴물로, 암풀렉스 데멘토르 *Ampulex dementor*라는 말벌의 이름이 여기서 왔다. 이 말벌은 노르웨이에서도 발견되는 는쟁이벌속의 대표적인 종인데, 어린 시절을 바퀴벌레의 몸속에서 보낸다.

여기에서도 산란관을 휘두르고 다니는 어미 말벌 때문에 모든 일이 시작된다. 먼저 어미는 바퀴벌레의 가슴에 침을 쏘아 몇 분간 다리를 마비시킨다. 고도로 정밀한 뇌수술을 하려면 '환자'가 꼼짝 않고 누워 있어야 하기 때문이다. 이제 말벌은 바퀴벌레의 머리에 바늘을 꽂는다. 한 치의 오차도 없이 바퀴벌레의 뇌에 있는 특정한 두 지점에 신경 독을 주입한다. 이 독은 동작을 시작하는 신호를 차단한다. 따라서 바퀴벌레는 혼자서 움직일 수 있으면서도 도망쳐야겠다는 의지를 상실한다. 바퀴벌레는 영혼을 흡수하는 말벌의 손아귀에 사로잡힌다. 말벌은 알을 낳기 적당한 곳으로 바퀴벌레를 데려가야 하는데, 직접 끌고 가기엔 바퀴벌레의 몸집이 너무 크다. 하지만 괜찮다. 자유의지는 잃었지만 바퀴벌레는 편리하게도 제 발로 걸어 다니기 때문이다. 디멘터 말벌은 바퀴벌레의 더듬이를 깨물어 마치 목줄을 묶은 개처럼 무덤으로 끌고 간다.

바퀴벌레는 시키는 대로 땅속 구멍으로 들어가는 고분고분한 먹잇감이 된다. 여기에서 말벌이 낳는 알은 바퀴벌레 다리에 들러붙는다. 이제 말벌은 작은 돌로 입구를 막고 홀연히 사라진다. 그녀의 자식인 작은 유충은 앞으로 한 달간 살을 찌울 것이다. 우선 바퀴벌레 다리에서 체액을 빨아먹는다. 그다음 몸을 뚫고 들어가 창자를 먹어 치운 뒤 바퀴벌레 몸속에서 번데기가 되고 결국 바퀴벌레는 죽는다.

어쩌면 다윈이 여기까지 알지 못했던 건 차라리 잘된 일인 듯하다. 이처럼 무자비한 행위에서는 조금도 선의를 찾아볼 수 없기 때문이다. 다시 말하지만, 진화는 사랑과 연민으로 움직이지 않는다.

대담한 히치하이커

5월의 어느 날, 햇살을 즐기며 밖에 앉아 있는데 흑청색으로 반짝이는 통통하고 이상하게 생긴 딱정벌레 한 마리가 정원 테이블을 가로질러 걸어왔다. 제 몸집보다 세 치수나 작은 옷을 빌려 입은 것 같았다. 배에는 알이 한가득이어서 날개 뒤 가장자리 밖까지 불룩했다. 이 벌레는 아침 방문을 나선 가뢰blister beetle였다. 노르웨이 말로는 봄딱정벌레, 5월의 딱정벌레, 부활절 딱정벌레라고도 부른다. 이름만큼이나 여러 방면에서 적응력이 뛰어나다.

이 포동포동한 부인은 봄철에 나타나는 가장 독특한 밀항자들의 어머니다. 어미는 땅에 구멍을 파고 약 4만 개에 달하는 알을 짜낸다. 알은 부화하여 스트레스를 받는 작은 유충이 되는데, 여섯 개의 다리 하나하나마다 모두 무거운 고리가 달렸다. 유충은 가늘고 긴 머릿니 또는 날개 없는 강도래처럼 보이는데, 어쨌거나 주체할 수 없는 에너지로 가득 차 있다. 삼조三爪 유충으로 알려진 이 유충은 마침내 꽃 위에 모여 인생 복권에 당첨되기 위해 기다린다.

문제는 인생의 한 방을 가져다 줄 장소로 가려면 교통편이 필요하다는 사실이다. 그래서 유충들은 꽃에 내려앉는 곤충에 필사적으로 매달린다. 그러나 엉뚱한 곤충에 올라타면 게임은 끝이다. 그래서 애초에 그렇게 많은 알이 필요한 것이다. 운 좋게 벌에 올라탄 소수만이 밝은 미래를 보장받는다.

가뢰 유충들은 벌을 닮은 형태로 꽃 위에 모인다. 그리고 외로운 암벌이 풍기는 냄새와 비슷한 화학 신호를 보낸다. 그러면 곧 수벌이 구애하러 온다. 암벌로 보이는 것과 교미하려는 순간 그녀의 몸

3장 먹느냐 먹히느냐
: 곤충의 먹이사슬

이 먼지처럼 흩어지고 웬 유충들이 몸에 올라탄다. 어리둥절한 수컷은 다른 곳으로 날아가 운이 좋으면 진짜 벌 아가씨를 만나는데, 이때 유충은 가라앉는 배에서 탈출하는 고양이처럼 '그녀'에게 뛰어오른다. 이렇게 가뢰의 유충은 벌집에 마련된 보금자리로 가는 차편을 확보한다.

벌집에 도착한 삼조 유충은 다리 없는 작은 애벌레로 변신한 다음, 은혜를 원수로 갚는다. 일단 벌집에 가만히 누워 운전기사가 가져온 꽃가루를 모두 흡입한다. 그다음 그 집의 원래 임자인 야생 벌유충으로 입가심을 한다. 그렇게 배를 불리고는 번데기가 되어 봄을 기다린다. 그렇게 주기는 다시 시작된다.

가뢰를 수포 딱정벌레라고도 부르는데, 수포를 일으키는 칸타리딘이란 물질을 분비하기 때문이다. 칸타리딘은 독성이 강해서 쌀 한톨의 무게로도 사람을 죽일 수 있다.

과거에는 이런저런 연유로 사람들이 칸타리딘을 정력제라고 착각했다. 유럽의 동부와 남부에서 발견되는 '스페인파리 Spanish fly, *Lytta vesicatoria*'라는 가뢰를 말린 제품은 한때 남성의 성적 흥분제로 사용되었다. (예수의 탄생 이야기로 유명한) 아우구스투스 황제의 교활한 아내 리비아는 남성 손님들에게 스페인파리 가루를 뿌린 음식을 대접한 다음 이들이 신중함과 절제력을 잃기를 기다렸다.

현실에서는 이 물질이 피부에 닿으면 물집이 생기거나 상처가 곪고, 먹으면 심한 염증을 일으키고 요도가 붓는다. 게다가 운이 나쁘면 종이 한 장 차이로 생사가 갈릴 수 있으므로 설불리 건드리지 않는 편이 좋다.

가뢰는 기생하는 단생 벌의 첫 비행 시기에 맞춰 나타나도록 적응했다. 그래서 봄에만 볼 수 있다. 운이 좋아 가뢰를 보게 된다면 그 독특한 삶을 순조롭게 이어나가도록 내버려두자.

• ──── 노래 한 곡이면 저녁식사가 무료 배달 ──── •

나는 일요일 저녁에는 요리를 좀처럼 하지 않는다. 일요일에는 등산을 하는데, 그러고 나면 식사 차리기가 귀찮고 또 뭘 만들어야 할지도 모르겠기 때문이다. 금요일 오후에 마트에 가긴 하지만 바쁜 한 주를 보내고 나면 제정신으로 장을 보기가 힘들다.

그럴 때는 곤충이 되면 얼마나 좋을까 싶다. 밝은 초록색의 커다란 오스트레일리아 곤충인 점박이베짱이*Chlorobalius leucoviridis*로 산다면 신선한 먹을거리가 문 앞까지 배달될 텐데. 먹잇감이 어찌나 싱싱한지 '나 잡아잡슈' 하면서 제 발로 고객을 찾아간다.

이 베짱이가 하는 일이라곤 저녁거리를 위해 노래를 부르는 것뿐이다. 그러면 신기하게도 저녁 식사가 곧장 달려와 일요일 저녁, 굶주린 영혼의 입안으로 들어간다. 도대체 무슨 노래길래 그럴까? 로미오가 발코니 아래에서 부르는 세레나데를 생각해보자. 베짱이는

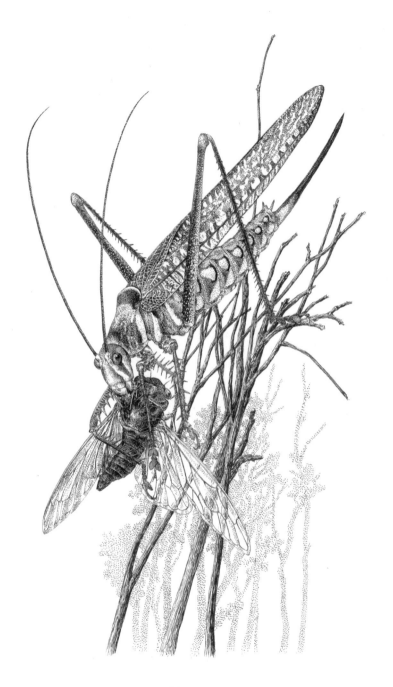

세상에 나쁜 곤충은 없다

자기와 아무 상관 없는 종인 매미가 구애할 때 보내는 신호를 흉내 낼 줄 안다. 이 신호는 근처에서 돌아다니던 순진한 매미 수컷을 불러들인다. 노래에 이끌려 찾아가지만 사랑스러운 매미 아가씨 대신 덩치 큰 적이 굶주린 배를 움켜쥐고 기다린다. 일요일 저녁 끼니가 스스로 자신을 갖다 바친 꼴이다. 과학 용어로 이것을 '공격형 의태'라고 한다. 포식자 또는 기생체가 다른 종의 신호를 흉내 내 신호 수신자를 이용하는 행동을 말한다. 공격형 의태는 여러 가지인데, 예를 들어 포투리스 베르시콜로르Photuris versicolor라는 반딧불이 종류는 총 11종의 친척들을 흉내 낸다. 흥분한 암컷처럼 앉아 크리스마스 트리처럼 불빛을 깜빡거리면 먹잇감이 알아서 찾아온다.

볼라스거미bolas spider의 배달 시스템은 더 독특하다. 이 거미는 한쪽 끝에 끈적한 덩어리가 달린 거미줄을 크게 휘둘러 지나가는 나방을 잡는다. 나방은 낚싯바늘에 걸린 물고기처럼 끌려와 깔끔하게 포장된 다음, 밤이 지나면 평화롭고 조용히 소화된다. 이 사냥 무기는 볼라(끝에 쇳덩이가 달린 사냥용 올가미—옮긴이)를 닮았다. 볼라는 끈의 양쪽에 무거운 공이 달린 무기로 가우초(남아메리카 카우보이를 뜻하는 말)들이 주로 사용한다.

그러나 말 등에 앉아 짐승의 뒤를 쫓으며 볼라를 던지는 가우초와 꼼짝 않고 제자리를 지키는 거미는 분명히 다르다. 선량한 척하며 얌전히 앉아 볼라를 흔들어대는 곳으로 우연히 밤나방이 지나갈 확률이 얼마나 될까? 대충 따져봐도 0이다. 그래서 이 거미도 저녁거리를 향해 노래를 부르는 방법을 찾아냈다. 볼라스거미는 향기로 노래를 부른다. 이 거미는 다양한 나방 종의 복잡한 향기 신호를 흉내 낸다. 공기 중에서 사랑의 냄새를 감지한 나방은 이 팜므파탈의 천연 향수가 풍기는 곳을 향해 점점 더 가까이 날아온다. 그리고 거미의 함정에 걸려 꼼짝달싹 못 하게 된다.

●————— 파리매의 날 —————●

세상 모든 것에는 기념일이 있는 듯하다. 세계 철새의 날, 세계 행복의 날이 있고, 심지어 와플의 날, 국제 다도茶道의 날도 있다. 그러나 독자 여러분은 매년 4월의 마지막 날이 세계 파리매robber fly(강도파리)의 날이라는 사실은 몰랐을 것이다. '#worldrobberflyday'란 해시태그를 만든 에리카 맥앨리스터Erica McAlister는 런던자연사박물관의 곤충 전문가다. 에리카는 지금보다 더 많이 곤충을 기념해야 한다고 생각한다. 그럼 우선 파리매 이야기부터 해보자.

파리맷과Asilidae 파리들은 상당히 크고 무거운 포식자다. 이들 중에는 길이가 6센티미터나 되는 종도 있는데, 파리 세계에서는 거인이나 다름없다. 태양을 좋아하고, 어두운 색에 날렵한 몸매, 강력한 다리, 커다란 눈, 윗입술에 북슬북슬한 수염이 있는 파리매 종들은 제공권을 장악한 존재들이다. 하늘에서 재빨리 방향을 틀 수 있는 이들은 공중을 맴돌면서 무방비 상태의 먹잇감이 안심하고 지나가길 기다린다. 눈 깜빡할 사이에 먹잇감은 여섯 개의 털 달린 강력한 다리에 갇힌다. 그럼 번거롭게 땅으로 내려올 것도 없이 그 자리에서 단단한 주둥이를 먹잇감에 찔러 넣는다. 이들은 자신보다 큰 곤충도 노리고, 따뜻한 지방에서는 벌새까지 먹이로 삼는다. 파리매는 희생자에게 침, 독, 소화액이 섞인 칵테일을 주입하여 내장을 순식간에 비커에 담긴 곤충 스무디처럼 만들어버린 뒤 그것을 최대한 빨리 들이마신 다음 빈껍데기를 내던진다. 이 난폭한 무뢰배들이 '암살 파리'로 불리는 것도 무리는 아니다.

많은 파리매 종들이 희귀하며, 유충 단계를 보내는 모습도 거의 알려지지 않았다. 그러나 이들은 다른 곤충 개체군을 통제하고 수를 억제하는 데 중요한 역할을 한다. 그러니 이 크고 묵직한 파리 포식자가 먹이그물에서 맡은 역할을 좀 더 알아두는 편이 좋을 것이다.

────── 스워마게돈 ──────

눈이 붉은 곤충들의 군대가 땅속에서 천천히 기어 올라오는 장면을 상상해보자. 엄지손가락만 한 곤충들이 떼로 몰려와 세계의 종말을 알리는 끔찍한 공포 영화가 생각날 것이다. 나는 300만 마리의 곤충으로 가득 찬 축구장 안에 있는 기분을 이야기하려 하는데

이는 공상과학영화도, 지구 최후의 날에 대한 예언도 아닌 스워마게돈Swarmageddon이다. 스워마게돈은 곤충 무리를 뜻하는 '스웜swarm'과 선악 간 최후의 전쟁터를 의미하는 '아마게돈'을 합친 합성어로, 북미에서 17년마다 주기적으로 출현하는 매미 떼를 재치 있게 표현한 말이다.

수액을 빨아먹고 사는 이 곤충은 16년의 바깥 생활을 포기하고도 불만이 없다. 그저 땅 밑 어두운 통로와 밀실 깊은 곳에 숨어서 조용히 때를 기다린다. 때로는 입 역할을 하는 대롱으로 나무뿌리에서 수액 칵테일을 마신다. 그러다 17년째가 되면 모두 모여 돌진할 준비를 한다.

이들은 땅속에서 무리 지어 나온다. 이때까지만 해도 연한 갈색에 조용하고 날개가 없다. 은밀히 나무를 타고 올라가 최후의 탈피 과정에 착수한 뒤 생식기를 갖춘 성충으로 변신한다. 드디어 날개를 달고 낡은 외골격에서 나오면 파티 준비 끝이다. 짝을 찾아 다니는 동안 사랑은 공기를 타고 흐르고, 침묵의 세월은 지나간 과거가 된다. 이들은 땅속에서 아무 소리도 내지 못하고 17년을 보냈다. 얼마나 할 말이 많겠는가. 인간에게 매미의 노래는 거슬리는 강력한 고주파 소음이다. 17년 매미들의 활동 시기에 밖에 오래 있으면 무려 100데시벨이나 되는 수컷 매미 수백만 마리의 증폭된 노랫소리에 청각이 소실되는 경험을 하는 것도 놀랍지 않다. 이 매미들은 쏘거나 물지는 않지만 미국인들은 스워마게돈 시기에 야외 파티나 야외 결혼식을 취소

해야 한다. 서로 대화가 안 될 정도로 시끄럽기 때문이다.

그러나 파티는 짧게 끝난다. 주어진 수명의 99퍼센트인 17년을 땅속에서 살고 나온 매미 성충의 삶은 3~4주 만에 끝난다. 이들의 노래는 짝짓기로 이어지고, 그 결과 새로운 매미 알이 탄생한다. 알은 몇 주 후에 부화하고, 날개 없는 작은 매미 약충은 나뭇가지를 따라 끝까지 기어간 다음 바닥에 떨어져 땅을 파고 17년의 어둠으로 들어간다.

임무를 마친 매미 엄마와 아빠는 약충이 부화하기 한참 전에 죽는다. 이제 눈삽으로 도로와 베란다에 널려 있는 수 킬로그램의 매미 사체를 치우고 이들이 다시 나타날 때까지 기대 반, 두려움 반으로 17년을 기다리는 일만 남았다.

17살 매미는 13살짜리 사촌과 더불어 우리가 아는 한 가장 오래 사는 곤충이다. 매미에는 여러 종이 있고 각각 미국의 여러 지역에서 다양한 '타이밍'에 맞춰 살아간다. 이 특이한 곤충의 라틴어 속명이 '주기매미*Magicicada*'인 것도 이상하지 않다.

●───── **17까지 숫자 세기** ─────●

그렇다면 매미의 경이로운 17년 인생 이야기의 핵심은 무엇일까? 그리고 이 곤충은 어떻게 수를 셀까?

매미의 이런 습성은 천적에게 잡아먹힐 가능성을 줄이려고 진화한 듯하다. 매미는 크고 단백질이 풍부하기 때문에 새, 소형 포유류, 도마뱀들이 즐겨 먹는다. 그러나 엄청난 물량 공세 덕분에 살아서 짝짓기하고 알을 낳는 비율이 높아진다. 군중 속에 몸을 감추어 살길을 도모하는 방식이다. 매미의 출현 주기가 너무 길기 때문에 어떤 포식자도 이 주기를 맞출 수가 없다. 게다가 13과 17이라는 소수(1과 그수 자신으로만 나눌 수 있는 수)가 선택된 것도 무작위적이지 않다. 이말은 주기가 더 짧은 웬만한 포식자는 매미의 출현 시기와 활동 시기가 '겹치지' 않는다는 뜻이다. 따라서 큰 소수의 주기를 따라 움직이면 잡아먹힐 확률이 낮아진다. 이는 토스터기의 계산 실력을 갖춘 가진 곤충치고 꽤나 인상적인 수학적 속임수다.

그런데 땅속의 17년 매미는 대롱을 내려놓고 지상에서 벌어질 파티에 참여할 시간을 어떻게 알까? 토양의 온도가 이들의 일시적 등장을 촉발한다. 20~30센티미터 깊이에서 토양의 온도가 섭씨 18도 이상으로 오르고 나흘 동안 지속되는 현상이 17번째 일어나면 모든 매미의 생체 시계가 동시에 알람을 울린다. 매미가 어떻게 17년이라는 시간을 카운트다운하는지는 잘 알려지지 않았다. 체내의 어떤 화학물질이 시간에 따라 변형되는 생체시계로 작동하는 듯하다. 또한 나무가 외부에서 보내는 신호 역시 매미로 하여금 나무가 꽃을 피운 횟수를 '세도록' 하는지도 모른다. 실제로 과학자들이 나무를 조작해 1년에 두 번 꽃을 피우게 했더니 17년 매미가 한 해 먼저 나왔다는 실험 결과가 있다.

유럽에도 노래하는 매미가 있지만, 이들은 주기에 맞춰 나타나지는 않는다. 많은 사람이 매미(노린재목)를 귀뚜라미나 메뚜기(메뚜기목, 53쪽 참조)와 혼동한다. 메뚜기목의 많은 종이 노래를 부르지만 다른 시기에 다른 방식으로 한다. 남부 유럽에서 햇볕이 쨍쨍하고 더운 낮에 곤충 소리가 들리면 대부분 매미라고 보면 된다.

혹시 여름철 풀밭에서 작은 '침 덩어리'를 본 적이 있는가? 많은 지역에서 이 거품 덩어리는 '뻐꾸기 침'으로 불리지만 새와는 관련이 없다. 이 보호성 거품 안에는 작은 가라지거품벌레meadow spittlebug가 들어 있다. 이 벌레는 미국의 통통한 17년 매미의 먼 사촌이다. 유럽의 거품벌레는 노래하지 않는 대신 거품 파티를 하며 어린 시절을 보낸다. 거품은 매미 약충이 직장에서 분비하는 점액 속으로 공기를 불어 넣을 때 생기며, 포식자와 탈수의 위협으로부터 몸을 보호한다.

●————— **얼룩말의 줄무늬를 그린 벌레** —————●

세상에는 곤충에게 공과를 물을 수 있는 것들이 많다. 얼룩말의 줄무늬도 그중 하나다. 대형 동물은 곤충이 포식자와 희생자를 속이기 위해 진화한 방법과 같은 방식으로 짜증 나는 곤충에 대응하여 진화했다. 실제로 이 줄무늬의 미스터리는 다윈 이후로 생물학자들을 괴롭혔다. 이 특이한 동물의 줄무늬는 도대체 어떻게 생기게 되었을

3장 먹느냐 먹히느냐
: 곤충의 먹이사슬

까. 다른 곳에 사는 비슷한 부류의 동물은 그렇지 않은데 말이다. 그동안 갖가지 기상천외한 이론들이 제시되었다. ① 듬성듬성 흩어진 작은 나무 그림자 아래에서 줄무늬가 위장술을 제공한다. ② 줄무늬 때문에 포식자가 무리 내에서 한 개체의 시작과 끝을 구분할 수 없다. ③ 줄무늬는 열을 식히는 효과가 있다. 흰색보다 검은색이 더 빨리 따뜻해지니까. ④ 학회의 이름표처럼 줄무늬로 서로 구별한다 등.

줄무늬 논쟁은 아직 해결되지 않았지만 최근의 한 연구 결과는 위의 가설을 모두 거부한 다섯 번째 이론을 내놓았다. 줄무늬가 곤충을 쫓는다는 것이다.

얼룩말의 서식지에는 대형 포유류에 질병을 옮기는 체체파리와 여러 흡혈파리를 포함해 감염을 일으키는 곤충이 많다. 그러나 줄무늬 가죽옷을 입으면 이들을 가볍게 쫓아낼 수 있다. 감염 전달자들이 줄무늬에 내려앉기를 싫어하기 때문이다. 왜 그럴까? 줄무늬는 특히 얼룩말이 움직일 때 곤충의 방향성에 혼란을 주기 때문이다. 줄무늬는 일종의 시각적 착시를 일으키는데, 인간이 살이 달린 바퀴나 프로펠러의 회전을 실제와 다르게 지각하는 것과 마찬가지다. 그래서 새로운 이론에 따르면 줄무늬가 있는 편이 곤충으로 인해 골치를 덜 썩고 결과적으로 생존율이 개선되기 때문에 그쪽으로 진화했다고 볼 수 있다. 그건 그렇고 얼룩말의 줄무늬 밑은 무슨 색일까? 원래 얼룩말의 피부는 줄무늬가 아니라 검은색이다. 다시 말해 얼룩말은 검은색에 하얀 줄무늬가 있는 것이지 그 반대가 아니다. 나중에 술자리에

세상에 나쁜 곤충은 없다

서 간단한 상식 퀴즈로 내보길 바란다.

법과 질서의 수호자인 곤충

곤충은 새, 물고기, 그리고 많은 포유류의 주식이다. 또한 곤충은 서로를 잡아먹는데, 이는 우리가 해충으로 여기는 골칫거리들의 개체 수를 억제하는 데 무척 중요하다.

밭 사이로 다양한 식물상이 배치된 농경지는 많은 해충의 천적에게 서식지를 제공한다. 이와 비슷하게 자연림으로 구성된 산림지대에는 가문비나무좀이나 그 밖의 해충의 수를 조절하는 포식성 곤충과 기생충들이 인공림보다 많다. 포식성 곤충과 기생충은 숲속에서 다른 작은 생물들의 수를 조절한다. 한 스웨덴 연구 팀에 따르면 큰가문비나무좀은 목재에 큰 해를 끼치는데, 그것의 천적은 집약적으로 관리되는 인공림보다 죽은 나무가 다양한 자연림에 더 많다.

곤충은 정원의 질서 유지에도 도움이 된다. 말벌을 예로 들어보자. 한참 성장하는 말벌들에게는 많은 영양분이 필요하다. 출처는 불분명하지만, 말벌 한 마리가 수백 제곱미터의 정원에서 약 1킬로그램의 곤충을 처리한다는 얘기가 있다.

거미의 경우는 전 세계 거미가 1년에 잡아먹는 곤충의 추정치가 정식으로 발표되었는데, 결코 가볍게 볼 수준이 아니다. 곤충의 다리 여덟 개 달린 친척들은 1년에 4000억에서 8000억 톤의 곤충을 먹어 치운다. 이는 어류를 포함해 인간이 소비하는 전체 육류량을 초과한다.

달리 말하면, 지구의 거미들은 1년에 인류 전체를 먹어 치우고도 남는다는 뜻이다. 거미가 사람이 아닌 곤충을 즐겨 먹는다는 사실이 참 다행이다.

세상에 나쁜 곤충은 없다

곤충과 식물

: 끝나지 않는 경주

많은 곤충이 포식자이자 기생충이지만 대부분은 샐러드(살아 있는 식물)나 퇴비(죽은 식물, 상세한 내용은 6장 참조)의 형태로 식물성 식단을 섭취한다.

곤충은 샐러드 식단으로 꿀, 꽃밥, 씨앗 또는 잎이나 뿌리 등을 다양하게 먹는데, 먹히는 식물에게도 꽃가루받이나 종자 산포 등 약간의 이점이 있을 수 있다. 1억 2000만 년 동안 곤충과 식물은 돈독한 협력 관계를 발전시켰다. 이들은 대부분 상호 의존적이었지만 동시에 서로 더 많은 이익을 확보하기 위해 끝없이 경쟁했다. 이러한 애증의 관계는 대단히 기이한 형태의 공존으로 이어졌다.

초식성 곤충의 인생은 꽃길과는 거리가 멀다. 일반적으로 식물 세 포조직은 질소나 나트륨 같은 필수 영양소가 부족해서 먹을거리로 는 질이 낮다. 예를 들어 곤충 대부분이 건조 중량의 최소 10퍼센트 가 질소(더 많은 경우도 있다. 113쪽 참조)인 반면, 식물은 전체적으로 2~4퍼센트에 불과하다. 이는 초식성 곤충에게 여러 방식으로 영향 을 미쳤다. 많은 초식성 곤충이 변태하여 어른이 되기 전에 영양분 을 충분히 섭취하도록 긴 유충기를 거친다. 유충기가 짧은 곤충들은 식물의 뿌리(어떤 식물에는 질소를 포획하는 세균이 세 들어 산다)나 꽃, 씨앗처럼 영양이 많은 부위에 집중한다. 그 점은 곡물이나 콩류를 주 식으로 삼는 인간도 마찬가지다.

질소가 부족한 식물의 수액을 먹고 사는 진딧물 등은 몸 크기와 비교했을 때 엄청나게 많이 마셔야 충분한 양분을 얻을 수 있는데, 그러다 보니 물과 당분이 몸에 과도하게 축적된다. 이들은 감로라는 물질의 형태로 잉여의 물과 당분을 배출하는데, 다른 생물들은 이것 을 매우 좋아한다(125쪽 참조).

식물에는 나트륨도 거의 없는데, 나트륨은 모든 생물의 근육과 신 경계 기능에 필수적이다. 초식동물인 사슴과 동물들은 친절한 인간 이 제공한 암염을 핥아 나트륨을 섭취할 수 있지만, 곤충은 천연 나 트륨원을 찾아야 한다. 그래서 오색빛깔 나비가 물웅덩이 주위에 앉아 주식인 꿀을 보충하기 위해 무기질이 풍부한 진흙을 먹는 것이다.

물웅덩이를 찾을 수 없다면 악어의 눈물은 어떨까? 2013년, 코스타리카의 정글에 매료되어 강을 따라 여행을 떠난 생물학자들은 아름다운 주황색 나비와 벌이 각각 케이맨악어의 양쪽 눈에서 눈물을 마시는 장면을 포착했다. 파충류의 눈물에서 귀중한 소금을 얻는 방법은 그동안 목격되지 않았을 뿐, 생각보다 널리 퍼져 있다. 악어의 눈물을 마신다는 말은 흙탕물을 들이켜는 것보다 훨씬 근사하게 들린다.

버드나무: 여왕의 보릿고개

꽃가루받이는 곤충과 식물을 하나로 엮는 윈윈 활동이다. 곤충은 달콤한 꿀이나 단백질이 풍부한 꽃밥을 먹이로 얻고, 식물은 꽃가루를 다른 꽃으로 운반해 수정하고 씨앗을 맺는다. 바람으로 타가수분을 하거나 자가수분하는 식물도 있지만, 야생 식물 중 열의 여덟은 곤충의 방문으로 이득을 얻는다.

어떤 식물은 아주 결정적인 시기에 꿀을 제공하기 때문에 특별히 중요한 '곤충 식당'이 된다. 버드나무가 좋은 예다. 일반적으로 버드나무는 산림과 농경지에서 무명이다가 봄철에 짧게나마 인기를 누린다. 호박벌 여왕이 지난 가을 이후 처음 지하 침실에서 기어 나오는 시기이기 때문이다. 잠자는 숲속의 공주처럼 누워서 겨울을 보낸 그녀는 그동안 아무것도 입에 넣지 못했기 때문에 배가 무척 고프다. 그러나 여왕을 위한 아침 식사를 준비할 자는 아직 아무도 없다. 다른 일벌들은 모두 가을의 추위가 찾아오면서 작년 여왕과 함께했던 일을 마무리했다. 이제 새로운 공동체를 시작하는 것은 새 여왕의 몫이다. 여왕이 성공한다면 그녀와 인간 모두 마침내 식탁에 끼니를 올려놓게 될 것이다. 잘 알겠지만 호박벌과 야생벌을 비롯한 벌들은 식용 작물 꽃가루받이에 매우 중요하기 때문이다(5장 118쪽 참조). 그러나 여왕 폐하는 우선 요기부터 해야 한다. 이때 버드나무가 자연의 시동 장치로서 임무를 수행한다.

버드나무는 일단 산허리의 눈이 녹기 시작하면 절대 꾸물대지 않는다. 다른 나무와 식물들이 올해 입을 옷을 생각도 하기 전에 버드나무는 완전히 옷을 차려입는다. 잎이 돋으려면 아직 시간이 더 있어야 하므로 옷차림은 가볍지만, 어차피 봄의 첫 밀회에 중요한 것은 꽃이다. 수꽃과 암꽃은 서로 다른 나무에서 꽃을 피운다. 수꽃은 우리에게 익숙한 부드러운 회색 꽃차례로 꽃을 피우며 노르웨이어로는 '고슬링gosling'이라고 부르는데, 꽃가루를 품은 꽃밥 덕분에 마침내 밝은 노란색으로 바뀐다. 암꽃은 보다 조신해 보이지만 수꽃보다 꿀이 더 많이 들어 있다.

이것은 호박벌 여왕에게 커다란 행운이다. 버드나무가 단백질이 풍부한 꽃밥과 에너지를 주는 꿀로 영양이 강화된 아침상을 차려주니 말이다. 이렇게 여왕벌은 혼자서 새로운 꽃가루 전달자 집단을 꾸려야 하는 상황에 참으로 요긴한 에너지를 제공받는다.

일단 배를 채운 여왕벌은 적당한 보금자리 ─ 종에 따라 땅속이든 땅 위든 ─ 를 찾아 꽃가루를 모은 다음 공 모양으로 만들고 거기에 최초의 알을 낳고 밀랍을 바른다. 시간이 지나 부화한 유충은 꽃가루가 채워진 아기방을 먹어 치울 것이다. 그렇다고 그동안 여왕이 노는 것은 아니다. 밀랍으로 꿀단지를 만들고 역류한 꿀을 채워 넣는다. 이런 식으로 여왕은 알이 부화할 때까지 연명할 수 있다. 호박벌의 알이 제대로 발달하려면 섭씨 약 30도로 유지되어야 하므로, 여왕은 새처럼 알을 품는다. 여왕의 배에는 몸의 열기를 알에 전할 수 있도록 노출된 부위가 있다. 초기에는 여왕벌이 직접 먹이를 찾아 짧은 여행을 떠나지만, 군집이 형성되면서 꽃가루와 꿀을 모으는 일은 일벌이 넘겨받고 여왕벌은 알을 낳는 데 집중한다.

늦은 여름, 호박벌 여왕은 더는 암컷 일벌을 생산하지 않고 수컷이 될 수정되지 않은 알을 낳는다. 그리고 수정된 알에서 나온 유충에게는 새로운 여왕이 될 식단을 먹인다. 가을이 다가오면 새로운 여왕들과 수벌이 짝짓기한다. 옛 여왕, 수벌, 그리고 남은 여름철 벌 집단의 게임은 이렇게 끝이 난다. 짝짓기를 마친 새로운 여왕벌만 살아남아 아늑한 땅속으로 기어들어가 봄이 자신을 깨우고 한살이가 시작될 때까지 긴긴 잠을 준비한다.

커플의 세계는 오묘하고 복잡하다. 꽃가루받이하는 곤충과 식물 사이에도 마찬가지다. 금매화globeflower의 꽃가루받이가 좋은 예다. 밝은 노란색에 화관이 거의 닫힌 금매화는 영국의 들판이나 물가에서 쉽게 찾을 수 있지만 꽃 속으로 접근하기는 쉽지 않다. 금매화파리globeflower fly로 알려진 서너 종만이 단단히 싸인 작은 태양 같은 꽃으로 들어가는 길을 찾을 수 있다. 그러나 보상은 넉넉하다. 금매화는 숙식을 모두 제공하는 민박집 같아서 방문자들을 배불리 먹인다.

금매화는 줄 수 있는 최상의 것을 손님에게 제공하는데, 바로 씨앗이다. 베이컨이나 달걀만큼 단백질이 충분한지는 모르겠지만 지친 파리에게는 틀림없이 맛 좋은 음식일 것이다. 그러나 엄밀히 말해 배불리 먹는 것은 파리 성충이 아니다. 성충은 단지 꽃의 밑씨에 알을 낳을 뿐이고 거기에서 태어난 유충이 자라면서 씨를 먹는다. 사실 이 유충은 금매화 씨앗 안에서만 자랄 수 있다.

그렇다면 금매화는 어떤 식으로 파리들이 이 꽃에서 저 꽃으로 꾸준히 꽃가루를 나르게 할까? 여기에는 꽃과 파리의 협업과 기막힌 균형이 필요하다. 이 특이한 파리는 금매화를 수분시킬 수 있는 유일한 생물이므로 이들이 방문하지 않으면 금매화는 씨를 맺지 못한다. 이 꽃이 최고의 제안을 하기 위해 안간힘을 쓰는 것도 당연하다. 그러나 여기에는 믿기 힘들 정도로 섬세한 조율이 이루어진다. 파리가 씨앗을 모조리 먹어버리면 금매화는 없다. 장기적으로 보면 숙식을 제공하는 민박집이 사라진다는 뜻이므로 결과적으로 파리도 살아남을 수 없다. 따라서 파리가 알을 낳는 씨의 비율을 적절히 유지하는 게 매우 중요하다. 파리가 이걸 어떻게 해내는지는 아직 풀리지 않은 수수께끼지만, 제대로 하는 것만큼은 분명하다.

●──── 오레가노가 살아남는 법 ────●

오레가노는 식물과 곤충의 복잡한 상호관계를 보여주는 또 다른 예다. 이탈리아 요리에 빠짐없이 들어가는 이 초록색 허브는 강력한 동맹, 변장, 위조가 판치는 교활한 음모의 장이다.

오레가노, 백리향, 마저럼의 아찔한 향내가 진동하는 북부 이탈리아의 건조하고 햇빛이 내리쬐는 산비탈을 떠올려보자. 오레가노 하나가 아래쪽에서 간지럼을 느낀다. 한 떼의 뿔개미*Myrmica*가 뿌리 옆에 둥지를 틀기로 한 모양이다. 작업 도중 가끔씩 잔뿌리를 먹어치우기도 하는데, 식물 입장에서는 하나도 좋을 게 없다. 그래서 오레가노는 곤충으로부터 자신을 보호하는 카바크롤이라는 물질을 많이 생산하여 대응한다. 개미 대부분이 카바크롤에 내성이 전혀 없지만, 뿔개미는 이 살충제에 대처하는 법을 배운 덕분에 오레가노 뿌리 옆에서도 버틸 수 있다. 인간은 이 방어물질을 귀하게 여기는데

4장 곤충과 식물
: 끝나지 않는 경주

오레가노의 강렬한 허브향은 바로 카바크롤 덕분에 생기기 때문이다. 그러나 아로마 물질은 여러 기능이 있다. 꽃이 핀 이탈리아 초원에서 카바크롤은 다른 종을 향해 냄새의 언어로 보내는 에스오에스(SOS) 신호로도 작용한다. 구조 신호의 수신자는 중점박이푸른부전나비large blue라는 아름다운 나비다. 이 나비는 오레가노에 알을 낳고, 유충은 그곳에서 몇 주를 보내면서 성장하는 동시에 어느 비밀 요원 못지 않은 변장을 준비한다. 여기서 변장이란 가짜 수염이나 머리 염색을 말하는 게 아니다. 개미에게 시각적 자극은 별로 중요하지 않다. 나비 유충이 오레가노 밑에 사는 뿔개미의 냄새를 완벽하게 흉내 낸 유혹적인 향기 망토를 둘러쓴 이유이다.

이제 결정적인 순간이 찾아왔다. 식물 위에 살던 중점박이푸른부전나비 유충이 땅바닥으로 굴러 떨어진다. 뿔개미들이 끝없는 먹이 탐색을 마치고 집으로 돌아오는 길에 나비 유충을 발견한다. 이들은 냄새에 깜빡 속아 제 집에서 나온 유충이라 생각하고 조심스럽게 나비 유충을 어둠 속 개미집으로 데려간다. 그곳에서도 나비 유충은 환영받는다. 개미 유충과는 크기도 색깔도 다르지만 자기 새끼를 돌볼 때와 다름없이 성심껏 대하는 일개미의 보살핌을 받고 되새김한 먹이를 받아먹는다. 그러나 번데기가 될 때까지 무게가 몇 배는 늘어야 하는 나비 유충으로서는 재활용한 설탕물이 만족스러울 리 없다. 탐욕스러운 나비 유충은 양어머니가 등을 돌리자마자 개미 유충이 있는 방으로 몸을 디민다. 그리고 여왕개미의 딸깍거리는 노래를 흉내

내 향기 변장을 보완한다. 일개미들은 나비 유충이 신분 높은 개미라고 확신해 아기방을 쑥대밭으로 만들어도 누구 하나 말리지 않는다.

마침내 나비 유충이 개미 군집을 어지간히 해치우고 나면 오레가노 뿌리 주위로 다시 평화가 찾아오고 유충은 번데기가 된다. 유충이 적당한 개미집에서 자라지 않으면 나비는 미래 세대를 생산할 기회가 없다. 피자 위에 올려진 초록색 허브 뒤에 이런 드라마 같은 이야기가 숨어 있다고 누가 생각하겠는가?

• ─────── 형편없는 속임수에 당한 쇠똥구리 ─────── •

오레가노의 경우는 협업의 결과로 식물과 나비가 모두 이익을 얻지만, 때로는 한쪽이 다른 쪽을 '속여' 제 이익만 챙기는 경우가 있다. 꼬리가 빨간 강도호박벌 봄부스 우르플레니*Bombus wurflenii*는 투구꽃의 일종인 아코니툼 리코크토눔*Aconitum lycoctonum* 꽃에서 꿀을 얻기 위해 꽃 속에 파묻힌 수술까지 번거롭게 행차하는 대신 간단히 꽃머리를 뜯어 제 잇속만 챙기고 대가는 전혀 지불하지 않는다. 하지만 이런 방식으로는 꽃가루받이가 이루어지지 않으므로 꽃에게는 손해다.

갈대를 닮은 케라토카리움 아르겐테움*Ceratocaryum argenteum*은 남아프리카에서만 자라는 식물이다. 영리하게도 이 식물은 똥처럼 생긴 씨앗을 생산하는데, 크고 둥근 짙은 갈색의 덩어리가 그 지역에 사는 영양의 배설물과 생김새가 똑같다.

어떤 옷가게에서 판매할 옷에 향수를 뿌려놓는 것처럼 이 식물은 주력 '판매 상품'인 씨앗에 매력적인 향을 입힌다. 바로 똥 냄새다.

일반적으로는 씨가 강한 냄새를 풍기는 것은 어리석은 일이다. 작은 씨를 먹고사는 굶주린 동물에게 쉽게 발견되어 먹히기 때문이다. 이 미스터리에 대한 해답은 놀랍다. 케이프타운대학교 과학자들은 원래 소형 설치류가 이 쓸데없이 무거운 씨를 먹는다고 생각했다. 그들은 남아프리카의 보호 지역에 200개에 달하는 케라토카리윰 씨앗을 공짜 샘플처럼 뿌려놓았다. 그리고 인간 세계에서처럼 전 과정을 기록하기 위해 동작 감지 카메라를 모든 씨앗 옆에 설치했다.

그런데 예상과 달리 이 식물의 씨는 먹이를 찾는 설치류가 아니라 씨앗의 공격적인 광고에 속아 넘어간 쇠똥구리가 처리했다. 쇠똥구리들은 이 냄새 나는 공을 알을 낳을 영양의 똥이라고 믿고 땅에 묻었다.

참고로 말하면 쇠똥구리는 동물의 배설물을 땅에 묻는 습성 덕분에 생태계에 대단히 중요한 서비스를 제공한다. 목초지가 똥 천지로 변하는 것을 방지하고 양분을 확실히 토양으로 되돌려놓기 때문이다(164쪽과 172쪽 참조) 그러나 이번에 쇠똥구리는 제대로 속았다. 이들은 똥처럼 생긴 둥근 씨앗을 굴린 다음 땅속 몇 센티미터 깊이에 안심하고 심었다. 쇠똥구리 덕분에 적어도 전체 씨앗의 4분의 1

은 새로운 장소에 뿌려졌다. 임무 완수.

그렇다면 쇠똥구리는 노동의 대가로 무엇을 얻을까? 아무것도 없다. 과학자들이 수풀에 숨어 있다가 어미 쇠똥구리가 발을 끌며 물러나자마자 씨앗을 파보았지만, 알의 흔적이나 씨앗을 먹으려는 시도를 발견하지는 못했다. 분명 쇠똥구리는 자신이 속아서 쓸데없는 일을 했다는 걸 알아챘을 것이다. 쇠똥구리에게 수치심이 있다면 자신의 순진한 모습이 카메라에 생방송으로 노출되었을 때, 아마 뺨이 새빨개졌을 것이다. 한낱 갈대에 속았다고 생각해보라. 정말 못된 속임수다.

●━━━━━ **개미의 도시락** ━━━━━●

곤충, 그중에서도 개미를 통해 씨를 퍼뜨리는 식물이 많다. 전체 식물의 5퍼센트에 달하는 1만 1000종이 그렇다고 알려졌다. 식물은 흔히 값비싼 보조식품의 형태로 비용을 지불하는데, 그것은 일종의 '개미를 위한 도시락'이다. 개미는 식물을 통째로 집으로 가져가서는 포장된 도시락은 배고픈 새끼 개미에게 주고 씨앗은 개미집 안이나 근처 땅 밑에 던져버린다. 씨앗의 일부는 고맙게도 운반 중에 소실된다.

영국에서도 개미는 꽃며느리밥풀, 제비꽃, 숲바람꽃 등 많은 식물의 성장을 돕는다. 교묘하게도 어떤 꽃들은 개미들이 먹을 만한 다른 식량이 없을 시기에 일찌감치 꽃을 피우고 씨앗을 맺어 종자 배포의 도움을 받을 확률을 높인다. 다음번 봄에 바람꽃을 보면 꽃이 질 무렵 잘 들여다보자. 씨앗마다 앉아 있는 작고 하얀 개미 도시락을 볼 수 있을 것이다.

개미와 한 단계 업그레이드된 협력을 하는 식물도 있다. 이 식물들은 개미에게 먹이를 주는 것은 물론 집까지 지어준다. 아카시아가 전형적인 예다. 어떤 아카시아는 개미가 들어가 살 수 있도록 가시들을 확장하고, 기름과 단백질처럼 영양가 많은 음식을 소포장하여 제공한다. 그 대가로 개미는 배고픈 초식동물을 막아주고 아카시아 주위의 경쟁 식물을 뜯어 먹는다.

• ———— 우드 와이드 웹: 식물의 지하 인터넷 ———— •

곤충은 식물을 대상으로 한 침입전에서 승리하기 위해 협업 전략을 쓰기도 한다. 이에 식물에게도 조력자가 필요할 텐데 그 주인공이 바로 균류다. 가을에 버섯을 따러 야외에 나가면 발견할 수 있는 꾀꼬리버섯chanterelle(살구버섯)과 포르치니버섯porcini mushroom은 눈길을 끄는 갓 말고도 엄청난 것을 숨기고 있다. 버섯의 알짜배기는 흙 아래에서 숲속의 통신 시스템을 형성하면서 숨어 있다. 여기서

통신 시스템이란 풀과 나무를 잇고 연결해 서로 소통하게 하는 균사의 그물망이다. 맞다, 이들은 서로 의사소통을 한다. 학자들은 균근 mycorrhiza(문자 그대로 '균류와 뿌리')이라고 알려진 균류와 식물 뿌리 사이의 밀접한 협업에 관해 많은 것을 연구하고 있다. 실제로 균근은 지구상에 존재하는 식물의 90퍼센트에서 발견된다.

이러한 관계 속에서 균류는 토양의 물과 양분을 운반해 식물의 성장을 돕는다. 이 점은 오래전부터 알려져왔다. 그러나 균류 네트워크는 곤충의 침입을 알리는 메시지를 전달하는 데도 사용된다. 학교 보건 교사가 6학년 2반에서 머릿니를 발견했다고 학부모들에게 이메일을 보내고 공중보건연구소에서 독감이 유행하기 시작했다는 경고를 인터넷에 올리는 것처럼, 곤충의 공격을 받은 식물은 지하 인터넷으로 화학 신호를 보내 "조심들 하자, 진딧물이 또 나타났어!"라고 말한다.

영국 과학자들이 기발한 실험을 했다. 이들은 콩을 심은 다음, 일부는 균근이 자라게 하고 일부는 자라지 못하게 했다. 그리고 신호 물질이 통과할 수 없는 특별한 주머니로 지상부를 감싸 식물이 공기 중으로 신호를 보낼 가능성을 차단했다. 그런 다음 한 식물에 진딧물을 풀어놓았다. 그 결과, 직접 공격을 받지 않았더라도 균류 네트워크를 통해 공격받은 식물과 접촉한 식물은 진딧물 공격에 대비한 방어 물질을 만들었지만, 격리된 식물은 그렇지 않았다.

숲속의 나무들은 월드 와이드 웹이 아니라 우드 와이드 웹이라

4장 곤충과 식물
: 끝나지 않는 경주

고 부르는 이 지하 인터넷으로 서로에게 탄소를 보내기도 한다. 어떤 과학자들은 숲에서 가장 크고 오래된 나무인 '어머니 나무'가 이제 막 자라기 시작한 어린 묘목에 지하 망을 통해 음식을 보내 성장을 돕는다고 생각한다. 심지어 서로 다른 종끼리도 이런 방식으로 양분을 주고받는다. 우리는 숲을 전과 다른 방식으로 바라볼 필요가 있다. 나무들은 우리가 알고 있는 것보다 서로 훨씬 밀접하게 연결된 것 같다.

개미의 단일 경작 시스템

인간의 농업과 축산은 근대 문명의 기초가 되었다. 덕분에 인구밀도가 높아졌고 발전의 기회가 뒤따라왔다. 그러나 한심하게도 인간은 곤충에 비하면 한참 늦었다. 인간의 농업 혁명은 불과 1만 년 전에 시작되었지만, 당시 개미와 흰개미는 이미 5000만 년 동안 농사를 지어왔고, 개미는 그 2배가 되는 기간 동안 가축을 길러왔다. 개미가 개체 수에서 우리를 쉽게 따돌린다는 사실, 그리고 이 작지만 수많은 다리 여섯 개짜리 생물을 모두 합하면 지구상 모든 인간의 무게와 맞먹는다는 사실은 이상한 일이 아니다.

곤충은 식물이 아니라 곰팡이를 키운다. 인간이 키우는 농작물이 '감금 상태'에 철저히 적응한 것처럼 이 곰팡이들은 개미의 밭에서

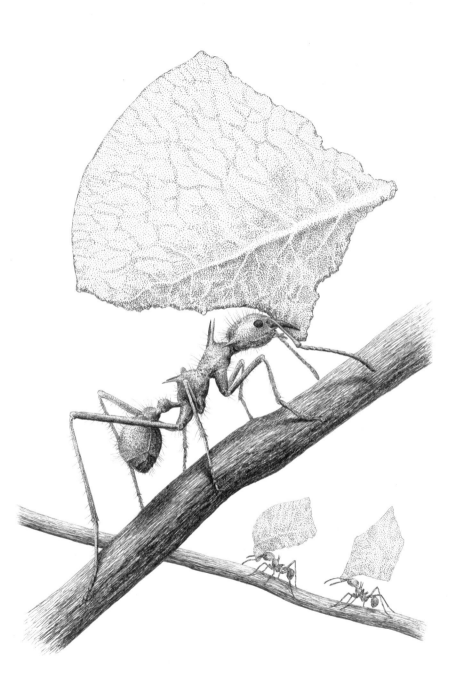

4장 곤충과 식물
: 끝나지 않는 경주

만 자라게 길들였다. 남아메리카나 중앙아메리카에는 잎꾼개미(가위개미)가 흔하다. 잎꾼개미의 일개미들은 길게 열을 지어 잎을 적당한 크기로 잘라낸 다음 땅 밑의 보금자리로 가져간다. 잎을 전달받는 공장의 생산 라인은 기름칠이 아주 잘되어 있어서 산업계의 거물이라면 누구나 가져봄 직한 원대한 꿈을 초월한다. 크기가 조금씩 다른 개미들이 열을 지어 맡은 일을 정확히 수행한다. 이들은 점심시간을 늘려달라고도, 근무 시간을 줄여달라고도, 무노동 무임금 원칙을 철회해달라고도 요구하지 않는다.

큰 개미들이 잎을 씹어서 '텃밭'에 뿌려놓으면 작은 개미들이 신선한 부위를 핥아 다른 밭에서 자라고 있는 균류를 옮긴다. 가장 작은 개미들은 조심스럽게 밭을 돌아다니며 '잡초'를 제거하는데, 여기서 잡초란 세균이나 엉뚱한 종류의 균류를 말한다. 균류가 자라서 밭의 새로운 구역으로 퍼지면, 개미는 영양분이 풍부한 부위를 수확하고 자라나는 개미 유충을 포함해 나머지 모두에게 솜사탕 같은 먹이를 보낸다.

공장이 제대로 굴러가고 생산 공정이 효율적으로 진행되려면 원재료에 쉽게 접근할 수 있어야 한다. 개미굴은 무리를 중심으로 자전거 바큇살처럼 방사상으로 뻗어간다. 평균적인 잎꾼개미 무리가 1년에 2.7킬로미터의 개미굴을 청소하고 유지한다.

흰개미의 농업 방식은 잎꾼개미와 비슷하지만 대신 흙과 나무 펄프를 침과 섞어 집을 짓고, 집의 일부는 땅 밑에, 일부는 땅 위에 있다. 정교한 공기 조절 시스템이 지하의 곰팡이밭 온도를 최적의 상태로 유지한다(199쪽 참조). 그리고 흰개미는 초록 잎이 아닌 막대기, 풀, 지푸라기를 집에 가져온다. 균류 동업자는 그 식물들을 분해해 흰개미가 소화할 수 있는 먹이로 바꿔준다. 이처럼 흰개미와 균류는 서로에게 의존한다.

숲에 사는 나무좀 중에도 균류에 의지하는 종이 있다. 덕분에 나무좀은 셀룰로스를 먹을 수 있는 물질로 전환한다. 이 일명 암브로시아나무좀은 갓 죽은 나무로 이사할 때 저녁 도시락을 싸 간다. 이들은 몸에 특별한 공간(균낭)이 있어 여기에 특정한 균류를 저장한다. 죽어가는 나무든 방금 죽은 나무든 새로운 거처를 마련하면 갈라진 틈에 알을 낳는 것으로는 만족하지 못해 나무껍질 밑의 목재를 파서 화려한 방과 복도를 만들고 거기에 균류를 심어 어린 나무좀에게 영양 만점의 건강한 먹이를 제공하기 위한 텃밭을 마련한다. 나무좀 가족이 사는 방식은 인간과는 크게 다르므로 이 텃밭은 꼭 필요하다. 나무좀 어미는 알을 낳으면 바로 나 몰라라 줄행랑을 치기 때문이다. 그래도 떠나기 전에 냉장고에 반찬을 챙겨두는 정도의 수고는 했으니 다행이다.

어떻게 개미와 흰개미가 오로지 한 종만 재배하는 극단적인 단일 경작 시스템에서도 그렇게 높고 안정적인 생산력을 유지하는지는 알려지지 않았다. 우리가 곤충에게서 이 비밀을 캐낼 수 있다면 미래 식량 생산에 좋은 소식이 될 것이다.

개미의 축산업은 농업 못지않게 인상적이다. 앞에서 언급한 것처럼(96쪽 참조) 진딧물은 과하게 섭취한 물과 당분으로 감로를 대량 생산하고 일부 개미 종은 이 물질에 대한 대가로 경호 서비스를 제공한다. 탄수화물에 쉽게 접근할 수 있다는 사실은 개미에게 너무나 매력적이어서 다른 곤충들이 감히 이 '설탕 젖소'를 잡아먹지 못하도록 적극 보호한다. 개미 집단 하나가 여름 한 철 진딧물에서 설탕 10~15킬로그램 정도는 너끈히 수확한다. 1년에 개미집 하나당 설탕 100킬로그램까지 수확한다는 추정도 있다.

개미는 또한 진딧물이 다른 식물로 옮겨가지 못하도록 이동 능력을 제한함으로써 소 떼처럼 '몰 수 있다'는 점이 밝혀졌다. 사람이 거위나 다른 날개 달린 가축의 날개를 잘라 날지 못하게 하는 것처럼 개미는 진딧물의 날개를 물어뜯는다. 또한 화학 신호를 사용해 날개 달린 개체가 발생하는 것을 막고 진딧물이 돌아다니는 범위를 제한한다.

개미가 수액을 빨아먹는 곤충을 키우는 것이 숙주 식물에게는 불리할 수밖에 없는데, 이들이 엄청난 양의 수액을 빨아들이기 때문이다. 미국 콜로라도에서 과학자들이 국화과의 노란래빗브러시yellow rabbitbrush 덤불에 사는 개미와 뿔매미의 상호 의존 관계를 연구하던 중 이 증거를 찾았다. 연구 중에 흑곰이 계속 나타나 조사지의 개미

집을 부수고 실험 장치를 망가뜨렸다. 결국 과학자들은 연구의 초점을 바꾸어 어떻게 곰이 이 시스템에 영향을 미치는지 살펴봤다. 이들은 다음과 같은 복잡한 도미노 효과 때문에 곰이 있는 곳에서 식물이 더 잘 자란다는 것을 발견했다. 곰이 개미를 먹는다→무당벌레를 쫓아내는 개미의 수가 줄어든다→무당벌레가 늘어난다→방해하는 존재가 없으므로 무당벌레는 뿔매미와 기타 초식 곤충을 마음껏 포식한다→성가신 곤충이 줄어들어 식물이 잘 자란다. 이렇게 곰은 개미의 수를 제한함으로써 식물의 생장을 촉진한다.

• ——— 작은 이들의 큰 힘 ——— •

도미노 효과가 언제나 우리 생각대로 작동하는 것은 아니다. 그 한 예를 오스트레일리아 건조 지대의 밀밭에서 볼 수 있다. 과학자들은 곤충, 특히 개미와 흰개미가 밀농사에 긍정적으로 기여하는 바를 연구하고자 했다. 그래서 살충제로 개미와 흰개미를 제거한 밭과 그렇지 않은 밭의 밀 수확량을 비교했다.

그 결과 살충제를 뿌리지 '않은' 곳에서 수확량이 36퍼센트 증가했다. 어째서 그럴까? 이곳처럼 메마른 지역에는 지렁이가 없기 때문에 개미와 흰개미가 지렁이를 대신해 흙 속에 통로를 만들어 토양에 물이 더 많이 흘러가게 한다. 개미와 흰개미가 사는 곳은 그렇지 않은 곳보다 토양의 수분 함유량이 2배나 높았다. 덧붙여 질소량은 더욱 높았는데, 아마 흰개미의 장에 공기 중의 질소를 고정하는 세균이 들어 있기 때문일 것이다. 토양에 물과 양분을 공급하는 것으로도 모자라 개미는 살충제를 뿌리지 않은 밭의 잡초를 절반으로 줄였다.

그러나 개미의 중요성을 확인하기 위해 지구를 반 바퀴나 돌아갈 필요는 없다. 유럽 사람들이라면 집 뒷문을 열고 나가면 바로 예를 찾을 수 있다. 침엽수림을 조사한 스웨덴 연구 팀은 어떻게 작은 개미가 숲의 탄소 저장량에 관여하고 기후 변화 같은 큰 쟁점에 영향을 미치는지 보여주었다.

집 주변 아무 숲이나 산책하면서 개미집을 찾아보라. 아마 나무개미wood ant(홍개미)의 집일 것이다. 홍개미는 개미탑을 짓는 불개미속Formica 개미다. 스웨덴 북부에서 과학자들이 숲의 소규모 지역을 지정해 숲 바닥에서 홍개미를 제거하는 실험을 했는데, 그 결과가 놀라웠다.

우선, 식물 군집의 양상이 달라졌다. 가장 흔한 초본 네 종이 훨씬 흔해졌다. 그 바람에 토양에 양분 공급이 증가했는데, 꽃며느리밥풀, 린네풀과 같은 숲지대 초본은 목본성 딸기류 관목보다 쉽게 썩기 때문이다. 토양의 양분이 증가하면서 숲 지대의 미세 토양 관리자가 활기를 띠었다. 즉, 다양한 세균 활동이 눈에 띄게 증가했다. 그러면서 죽은 식물에 오래 남아 있던 숙성된 부분까지 분해되었다.

그렇다면 홍개미의 수를 억제한 실질적인 결과는 무엇일까? 분해자 집단에서 일어난 변화로 오랫동안 저장되어 있던 탄소가 갑자기 분해되면서 숲의 토양에 저장된 탄소와 질소의 양이 전반적으로 15퍼센트 정도 '감소'했다. 만약 조사 면적을 늘렸을 때도 일관된 결과가 나타난다면, 이는 개미가 사라지면 북부 한대림에 대량으로 저장된 탄소의 상당 부분도 소실된다는 뜻으로 해석할 수 있다. 북부 한대림이 지구 표면의 11퍼센트를 차지하고, 어떤 산림대보다 많은 양의 탄소를 저장한다는 점을 고려하면, 홍개미는 보잘것없는 크기에도 불구하고 영양 순환과 탄소 저장처럼 근본적인 과정에 큰 영향을 미치는 게 확실하다.

• ———— 골칫거리 선인장 ———— •

우리 인간은 오랫동안 곤충과 식물, 포식성 곤충과 초식성 곤충의 관계를 이용해왔다. 기원전 약 300년 전의 것으로 추정되는 고대 중국 문헌에는 종잇장 같은 개미 둥지를 레몬 과수원으로 옮겨 해충을 줄이는 방법에 대한 설명이 나온다. 나무들 사이에 대나무 '현수교'를 설치해 개미가 이 나무 저 나무 쉽게 오가며 해충을 쫓게 하는 일도 흔했다. 이것은 해충과의 싸움에 화학물질의 대안으로 살아 있는 생물을 사용하는 생물학적 방제의 최초 사례 중 하나다.

인간은 생물 종을 지구 한쪽 끝에서 반대편으로, 그것도 의도적으로 옮기곤 했다. 그 결과 매우 다양한 현상이 나타났는데, 특히 1800년대 오스트레일리아에서처럼 끔찍한 재앙으로 이어지는 경우도 있었다. 선인장에서 코치닐 염료(190쪽 참조)를 생산하겠다는 기특한 발상을 한 누군가가 낙천적인 생각으로 멕시코에서 배 몇 척 분량의 부채선인장을 수입했다. 코치닐 생산은 결국 실패했지만 선인장은 산불처럼 번졌다. 1900년 무렵 선인장은 덴마크만 한 면적을 뒤덮었다. 불과 20년 뒤에 면적이 6배나 커졌다. 가시 돋친 선인장이 지나치게 많이 자라는 바람에 영국 땅덩어리만 한 지역이 목초지로도 경작지로도 사용할 수 없게 되었다. 재앙이었다. 정부는 선인장과의 전쟁에서 이기는 법을 두고 후한 포상을 제안했지만 아무도 받지 못했다.

결국 제1차 세계대전이 끝난 후 많은 좌절 끝에 남아메리카에서 건너온 곤충이 해결사가 되었다. 칵토블라스티스*Cactoblastis* 속의 이름 모를 나비목 곤충의 유충이 선인장을 썹어 이동로를 만든다는 사실이 알려졌다. 사람들은 이 곤충을 데려와 시험하고 대량으로 양식했다. 7대의 대형 트럭에 탄 100명의 남성이 퀸스랜드와 뉴사우스웨이스 전역을 돌며 땅 주인들에게 칵토블라스티스 알로 채워진 종이 실패를 나눠주었다. 1926년에서 1931년까지 5년 동안 20억 개 이상의 알이 배포되었다.

이 방법은 실로 놀라운 성공을 거두었다. 1932년에 나방 유충은 휴한지의 상당 부분에서 선인장을 박멸했다. 이것은 지금까지도 가

세상에 나쁜 곤충은 없다

장 성공적인 생물학적 방제 사례 중 하나다.

그러나 모든 일에는 양면이 있는 법이다. 오스트레일리아에서 성공한 이후, 칵토블라스티스 나방은 카리브해 제도를 포함한 여러 지역에서 선인장을 제어하는 데 사용되었는데, 이후에 플로리다까지 번져 이제는 자생하는 고유 선인장까지 쓸어버리는 위협이 되고 있다.

4장 곤충과 식물
: 끝나지 않는 경주

바쁜 벌레와 맛있는 벌레

: 곤충과 식량

독자 여러분은 곤충을 좋아하지 않는가? 그렇다면 초콜릿, 마지팬(아몬드 가루, 설탕, 달걀흰자 등을 섞어 만든 과자— 옮긴이), 사과, 딸기도 좋아하지 않아야 한다. 셀 수 없이 많은 먹을거리가 곤충의 도움으로 생산된다. 물론 여기서 말하는 도움이란 곤충의 꽃가루받이다.

곤충의 방문이 세계 야생 식물 80퍼센트 이상의 종자 생산에 기여한다. 그리고 곤충의 수분은 전 세계 식용 작물의 상당 부분을 차지하는 과일이나 종자의 양과 질을 크게 개선한다. 쌀, 옥수수 등 바람이 수분하는 작물이 인류의 에너지 섭취를 담당하지만, 곤충이 수분하는 과일, 견과류 등은 식단의 다양성을 책임지는 것은 물론이고 중요한 에너지 부스터로 작용한다. 이를 위해서는 야생 꽃가루 전달자들의 종 풍부도가 중요하다. 세계적으로 40가지 작물을 연구한 결과 야생 곤충의 방문이 모든 시스템에서 생산량을 증가시켰다.

또한 곤충이 꽃가루받이를 해야 하는 작물의 수가 꾸준히 늘고 있다. 생물다양성과학기구Intergovernmental Science-Policy Platform on Biodiversity and Ecosystem Services, IPBES에 따르면 이러한 작물의 경작량은 지난 50년 간 3배로 증가했다. 그러나 야생 꽃가루 전달자들의 출현 빈도와 종 다양성은 동시에 감소하고 있다.

꽃가루받이 결과 부산물이 생기는 경우도 있는데 우리가 특히 잘 알고 좋아하는 것 하나가 바로 오랫동안 천연 감미료의 역할을 해온 꿀이다. 하지만 식사에 친환경적인 단백질을 조금 곁들여 보충하고 싶다면 아예 곤충을 먹는 것은 어떨까? 곤충은 영양이 풍부하고 세계 대부분 지역에서 일상 식단의 일부이다. 서구 세계를 제외하고 말이다.

이 장에서는 인간에게 식량을 공급하는 곤충의 역할을 자세히 살펴보자.

달콤함에 물든 역사

사람들은 단것을 좋아한다. 영국은 1인당 연평균 설탕 소비량이 35킬로그램에 이른다. 별로 놀랄 일이 아닌데, 단것을 좋아하는 습관이 몸에 깊이 배어 있기 때문이다. 옛날 우리의 유인원 선조들은 아프리카에서 열매를 먹으며 풀숲을 질주했다. 달고 잘 익은 열매일수록 에너지 함량이 높으므로 우리는 점차 단것을 선호하는 쪽으로 진화했다. 사탕을 골라 먹는 가게가 생기기 이전 시대부터 인간

5장 바쁜 벌레와 맛있는 벌레
: 곤충과 식량

은 단것을 좋아했다.

깜박 잊고 바나나를 운동 가방에서 꺼내지 않은 적이 있다면, 실온 상태에서 다 익은 과일의 보관 기관이 얼마나 짧은지 알 수 있다. 그러나 오랜 역사를 자랑하는 썩지 않는 달콤함의 원천이 있다. 벌꿀이다. 2003년, 유럽에서 두 번째로 긴 송유관을 건설하는 과정에서 조지아의 5500년 된 여성의 무덤에서 꿀단지가 출토되었다.

벌꿀은 벌들이 꽃에서 꿀nectar을 추출할 때 만들어진다. 벌에는 소화관을 지나는 음식과 꿀이 섞이지 않도록 식도와 위 중간에 특별한 꿀주머니가 있다. 꿀주머니에 들어간 꿀은 벌의 효소와 섞인다. 벌집으로 돌아간 벌은 주머니 속의 내용물을 역류해 다른 벌에게 넘겨준다. 그럼 그 벌은 그것을 자기 꿀주머니에 넣고 벌집의 더 안쪽으로 운반한 다음 다른 벌의 입에 역류하여 넣어준다. 마지막으로 벌꿀은 나중에 사용하거나 인간이 수확할 때까지 밀랍으로 된 방 안에 저장된다.

·———— 환각을 일으키는 꿀 ————·

스페인 발렌시아에 있는 거미 동굴에서 발견된 8000년 된 벽화에는 야생 꿀을 채취하는 모습이 그려져 있다. 한 남자가 밧줄인지 덩굴인지에 매달린 채 벌떼에 둘러싸였는데, 한 손에는 양동이를 들고,

세상에 나쁜 곤충은 없다

다른 손은 벌집 속에 넣고 있다.

아시아에는 벌 또는 벌꿀을 바탕으로 한 문화의 흔적이 음식은 물론 문화와 경제에도 여전히 남아 있다. 꿀 사냥꾼들은 1년에 두 번 히말라야 산 중턱에 올라 세계에서 가장 큰 꿀벌인 히말라야절벽꿀벌*Apis dorsata laboriosa*이 모아놓은 석청을 채집한다. 이 모험은 성질이 난폭한 벌떼 사이로 사다리와 밧줄만을 사용해 높은 절벽을 기어올라야 하므로 무척이나 위험하다. 요즘은 이 장면을 보려고 혈안이 된 관광객들의 압박 때문에 벌집을 과도하게 채취한다. 동시에 야생 지역이 침식 및 축소되면서 주변 경관이 달라져 벌에게는 좋지 못한 영향을 미치고 있다. 게다가 네팔의 산맥에서 채취한 이 꿀에 환각성이 있다는 보도 역시 관심을 줄이는 데 도움이 되지 않았다. 환각의 원인은 벌이 진달랫과 식물에서 독성이 있는 꿀을 모으기 때문이다. 그 결과 벌꿀에 그라야노톡신이라는 유독 물질이 함유되는데, 맥박에 영향을 미치고 어지럽고 메슥거릴 뿐 아니라 환각까지 일으킨다.

사실 '미친 꿀'은 유럽에서도 알려진 현상이다. 기원전 400년경의 어느 형편없는 군사 작전에 관한 고대의 이야기에 따르면 수천 명의 그리스 병사가 오늘날의 터키를 거쳐 퇴각하는 길에 야생 꿀을 발견하고 배불리 먹었다. 얼마 후 이들의 야영지는 적이 없는데도 전장을 방불케 했다. 고대 그리스군 사령관이자 작가인 크세노폰은 병사들이 완전히 정신이 나간 채 취객처럼 횡설수설했다고 전한다. 며칠

5장 바쁜 벌레와 맛있는 벌레
: 곤충과 식량

동안 설사와 구토가 막사를 휩쓸고 나서야 병사들은 정신을 차리고 간신히 일어나 집으로 향할 수 있었다고 한다.

고대의 다른 문헌에도 전쟁 무기로 환각성 꿀을 사용한 이야기가 있다. 진달래꿀이 든 벌집을 적군의 이동 경로에 슬쩍 갖다놓으면, 이를 발견한 적들이 어찌 거부할 수 있었겠는가? 만취한 병사는 쉽게 제압할 수 있다.

'델리 발deli bal'이라는 이 벌꿀은 여전히 터키 일부 지방에서 생산된다. 하지만 '미친 꿀'을 먹고 중독될 걱정은 하지 않아도 된다. 다행히 현대에 상업적으로 생산되는 꿀은 해로울 정도로 농도가 높지 않다.

한편 벌꿀의 항균작용도 오랫동안 귀하게 여겨졌다. 역사적으로도 벌꿀은 상처에 사용되었다. 마케도니아의 알렉산드로스 대왕이 33살의 나이로 바빌론에서 죽었을 때, 알렉산드리아의 묘소로 옮기는 2년 동안 썩지 않도록 그 시신을 꿀 채운 관에 넣었다고 한다. 아쉽게도 사실 여부는 확인할 수 없다.

● ─── 벌꿀 찾기 협동 작전 ─── ●

하지만 다음에 소개하는 큰꿀잡이새에 관한 얘기는 분명히 사실이다. 인디카토르 인디카토르Indicator indicator라는 적절한 이름의 이

세상에 나쁜 곤충은 없다

아프리카 종은 벌꿀을 찾는 사람들을 돕는다. 이 새는 꿀과 밀랍을 모두 좋아하고, 소량의 벌 유충도 마다하지 않는다. 그리고 무엇보다 독특한 행동으로 유명하다. 이름에서 알 수 있듯이 동물과 인간에게 꿀이 있는 곳을 알려주고, 자기보다 크고 강한 동물이 벌집을 부수면 노획물의 일부를 제 몫으로 챙긴다.

새들은 대부분 사람이 접근하면 날아가지만, 큰꿀잡이새는 반대로 행동한다. 인간을 찾아가 그 앞에서 찍찍거리고 조금 앞서 날아간 다음 자신을 따라오는지 확인한다. 최신 연구에 따르면 이 새는 인간의 특정 소리에 반응한다. 모잠비크의 한 부족인 야오족은 지금도 꿀잡이새와 함께 꿀을 찾는다. 과학자들이 야오족의 특별한 고함을 녹음해 크게 틀어놨더니 꿀잡이새가 나타나 벌집으로 안내하는 빈도수가 높아졌다. 벌꿀을 찾을 확률은 16퍼센트에서 54퍼센트로, 전반적으로 높아졌다. 야생동물과 인간 사이에서 일어나는 상호적이고 능동적인 협업의 드문 예다.

인간은 1500년대 이후로 이런 협업을 해왔는데, 어떤 인류학자들은 그 역사가 호모 에렉투스 시대까지 거슬러 올라간다고 생각한다. 이것이 사실이라면 이 협업은 무려 180만 년 동안 이어진 셈이다. 그만큼 꿀은 아주 오랫동안 동물과 인간 모두에게 인기가 있었다.

5장 바쁜 벌레와 맛있는 벌레
: 곤충과 식량

꿀 외에 곤충이 제공하는 특별한 음식이 또 있다. 성경에 언급된 기적의 음식인 만나도 곤충에서 왔을 가능성이 있다. 만나를 오로지 기적의 소산이라고 생각하지 않는다면 말이다. 구약성경에 따르면 만나는 이스라엘 사람들이 이집트로 가는 여정에서 살아남게 해준 음식이다. 그 여정은 참으로 대단했다. 입에 풀칠할 기회가 거의 없는 불모의 시나이반도를 통과한 40년간의 원정이었으니 말이다.

이스라엘 사람들도 같은 생각을 했다. "이들에게 이스라엘 자손들이 말하였다. '아, 우리가 고기 냄비 곁에 앉아 빵을 배불리 먹던 그때 이집트 땅에서 주님의 손에 죽었더라면! 그런데 당신들은 이 무리를 모조리 굶겨 죽이려고 우리를 이 광야로 끌고 왔소?'"

그러나 성경의 「창세기」에서 이미 세상에 '땅을 기어 다니는 모든 것들'을 갖춰놓은 하느님은 해결책을 마련했다. "'보라, 내가 하늘에서 너희에게 양식을 비처럼 내려줄 터이니.' 이슬이 걷힌 뒤에 보니, 잘기가 땅에 내린 서리 같은 알갱이들이 광야 위에 깔려 있었다. 이스라엘 자손들은 그것이 무엇인지 몰라, '이게 무엇이냐?' 하고 서로 물었다. 모세가 그들에게 말하였다. '이것은 주님께서 너희에게 먹으라고 주신 양식이다.' 이스라엘 집안은 그것의 이름을 만나라 하였다. 고수풀 씨앗처럼 하얗고, 그 맛은 꿀 섞은 과자 같았다. 이스라엘 자손들은 정착지에 다다를 때까지 40년 동안 만나를 먹었

다."(「출애굽기」 16장)

아마도 무척 단조로운 식단이었을 것이다. 40년 동안 내내 달콤한 과자만 먹는다면 아무리 단것을 좋아하는 사람도 물릴 것이다. 그러나 결국 이스라엘 사람들은 목적지에 도착했으므로 그만하면 괜찮은 여행식이었던 것 같다. 그러나 기적의 음식, 성경 속 만나의 묘사에 영감을 줄 만한 천연물이 있지 않았을까?

이 질문을 두고 만나나무*Fraxinus ornus*와 같은 다양한 나무 종부터 바람이 몰고 왔다는 환각성 버섯*Psilocybe cubensis*, 지의류인 레카노라 에스쿨렌타*Lecanora esculenta*, 스피룰리나*Spirulina*와 같은 조류藻類, 토네이도에 휩쓸려 온 모기 유충, 올챙이 등의 수생 동물들까지 개연성이 다양한 각양각색의 답이 제안되었다.

현재로서는 만나가 수액을 먹는 곤충, 그중에서도 위성류만나깍지진디*Trabutina mannipara*가 분비하는 감로 결정이라는 가설이 가장 유력하다. 깍지진디류에 속하는 이 작은 곤충은 중동 지역에서 광범위하게 자라는 위성류의 수액을 빨아먹는다.

만나깍지진디(그리고 그 외에 수액을 흡입하는 다른 곤충, 112쪽 참조)가 마시는 수액은 질소보다 당의 함량이 더 높으므로 잉여의 당분을 내버려야 한다. 만나깍지진디는 감로를 분비함으로써 당을 배출한다. 만나깍지진디가 버리고 간 달콤한 물질이 위성류에 대량으로 축적되고 말라서 설탕 결정이 된다. 이라크 및 다른 아랍 국가 사람들은 아직도 위성류에서 설탕 결정을 채취하여 별미로 즐긴다.

5장 바쁜 벌레와 맛있는 벌레
: 곤충과 식량

만약 이것이 성서에 나오는 만나의 기원이라면, 결정이 바람에 날려 땅에 뿌려지는 모습이 마치 하늘에서 비가 내리는 것처럼 보였다고 상상해도 좋을 것이다.

마라톤 식량

이스라엘 사람들은 아마도 길고 고된 여정을 버티기 위해 말벌 즙을 먹었을지도 모른다. 등검은말벌Asian hornet의 유충은 오늘날 지구력과 운동 수행 능력을 크게 향상하는 기적의 산물이라고 알려진 물질을 생산한다.

말벌의 성충은 고체 단백질을 먹을 수 없지만, 유충은 이빨이 있어서 씹을 수 있다. 말벌 성충이 집으로 날아가 유충에게 살점을 먹이면, 대신 유충은 젤리 같은 물질을 역류하고 성충이 이를 들이켠다.

이 젤리 성분이 하루에 시속 40킬로미터로 100킬로미터를 날아가는 말벌의 놀라운 지구력의 원천임이 밝혀지자마자 운동선수를 대상으로 한 상품이 등장했다. 진짜 효과가 있는지는 알 수 없으나 팔리긴 한다. 특히 2000년 시드니 올림픽 여자 마라톤에서 금메달을 딴 일본인 선수 다카하시 나오코가 우승 비결로 말벌 위액을 지목한 이후 날개 돋친 듯이 팔렸다. 오늘날 일본에서는 말벌 유충 추출액을 함유한 스포츠음료를 살 수 있고, 미국에서도 비슷한 상품이 유행한다.

곤충은 사람의 식량도 먹는다. 순식간에 들판을 뒤덮고 모든 것을 먹어치우는 무시무시한 메뚜기 떼가 대표적 사례다. 성경에는 메뚜기 떼가 신이 이집트에 내린 10가지 재앙 중 하나로 묘사된다.

> 모세가 이집트 땅 위로 지팡이를 뻗자, 주님께서 그날 온종일, 그리고 밤새도록 그 땅으로 샛바람을 몰아치셨다. 아침이 되어 보니, 샛바람(동풍)이 이미 메뚜기 떼를 몰고 와 있었다. 메뚜기 떼가 이집트 땅에 몰려와, 이집트 온 영토에 내려앉았다. 이렇게 엄청난 메뚜기 떼는 전에도 없었고 앞으로도 없을 것이었다. 그것들이 온 땅을 모두 덮어 땅이 어두워졌다. 그리고는 우박이 남긴 땅의 풀과 나무의 열매를 모조리 먹어버렸다.
>
> 「출애굽기」 10장 13~15절

인용된 성경 구절은 오늘날까지도 생태학적 차원에서 정확한 내용을 담고 있다는 점에서 놀랍다. 따뜻한 동남풍을 뜻하는 캄신kham-sin이 적어도 24시간 이상 불어야 메뚜기 떼가 자신들이 태어난 먼 동쪽에서 이집트까지 다다를 수 있다.

이는 정말 끔찍한 광경이다. 메뚜기 한 마리가 매일 자기 몸무게만큼 먹는다. 그리고 100억 마리의 날고뛰는 굶주린 생물이 영국 리버풀 면적을 뒤덮으며 몰려다닌다. 그렇다면 왜 하늘이 어두워지고 메뚜기 떼가 지나간 뒤로 풀 한 포기 남지 않는지 알 수 있다.

메뚜기 떼는 주로 아프리카와 중동에서 여전히 비정기적으로 출몰하며, 지구 육지 표면의 최대 20퍼센트까지 영향력을 미친다고 추정된다. 메뚜기 역병의 메커니즘은 지킬 박사와 하이드 씨 사이에서 일방적으로 일어나는 변신 과정과 같다. 정상적인 메뚜기는 얌전하고 수줍음이 많으며 작물에 아무 해도 끼치지 않는다. 그러나 특별한 날씨 조건하에서 수가 급증하면, 좁은 공간에서 서로 반복해서 부딪히면서 특별한 호르몬이 분비된다. 이 호르몬은 불과 몇 시간 만에 이들의 생김새와 행동 방식을 바꾼다. 메뚜기들은 몸집이 커지고 색이 검어지고 배가 고파진다. 그리고 돌연 서로에게 강하게 끌린다. 들뜬 메뚜기 무리가 크게 무리 짓고 경관을 가로질러 이동하다 다른 무리를 만나면 더 큰 무리가 된다. 떼로 다니는 행동이 굶주림으로 인한 동족 포식에 대한 대안으로 진화했다는 이론이 있다.

인간이 원하는 식물을 곤충이 먹는다는 사실이 부정적인 것만은 아니다. 우리가 신맛, 쓴맛, 진한 맛을 즐기는 많은 식용작물이 동물, 특히 곤충에게 뜯어 먹히는 것에 대한 방어 작용으로 발달했다. 오레가노 같은 허브(101쪽 참조)나 사람들이 좋아하는 페퍼민트 차, 핫도그에 뿌려 먹는 겨자를 생각해보자. 식물이 자신을 보호할 필요가 없다면 남는 자원을 방어가 아닌 다른 목적으로 사용하게 되면서 맛도 변할 것이다. 식물에서 추출한 약물의 활성 성분은 곤충이나 다른 큰 동물에게 먹히지 않기 위한 필요에서 기원한 듯하다.

인간은 초콜릿을 사랑한다. 영국인 1인당 매년 먹어치우는 초콜
릿은 무려 8킬로그램이 넘는다. 그 밖의 세계에서도 초콜릿 소비는
계속 늘고 있다. 초콜릿 생산자들은 전 지구적 기후 변화 및 중국과
인도 등의 소비 증가를 이유로 가까운 미래에 초콜릿 공급이 부족해
질 수도 있다고 경고한다. 하지만 정작 초콜릿에 대한 애호를 보장
해주는 아주 중요한 요인에 관해서는 아무도 논의하지 않는다. 바로
작은 깔따구다. 시침핀 머리보다 작은 이 깔따구는 친구도 없고 영어
이름도 없다. 양귀비 씨앗만 한 다른 친척들은 피나 빨아먹고 사는
족속들이니 친구를 사귀기가 그리 쉽지는 않을 것이다. 문제의 깔따
구는 모기장을 뚫고 들어와 귓속이나 안경 뒤로 들어가고 몇 방울의
따뜻한 피에 사족을 못 쓰는, 미국에서는 ‘노-시-엄스No-See-Ums’로
알려진 좀모깃과의 등에모기와 같은 과에 속한다.

이 작은 곤충은 소화제를 코팅하고, 등산길을 달달하게 만들어주
는 초콜릿 바와 추운 겨울날 뼛속까지 뜨뜻하게 해주는 코코아를 책
임진다. 열대우림에 사는 좀모기의 친척인 초콜릿깔따구는 평생 카
카오꽃 속을 드나드느라 바빠서 피의 맛을 포기했다.

카카오나무 줄기에서 곧장 뻗어 나오는 아름다운 카카오꽃은 그
구조가 매우 복잡하다. 초콜릿깔따구는 카카오꽃으로 기어 들어가
서 꽃가루를 전달하는 번거로움을 마다하지 않으며 그러기에 충분

히 작은 몇 안 되는 곤충 중 하나다.

카카오나무와 초콜릿깔따구의 연애 관계는 복잡하다. 같은 나무에서 피는 꽃의 꽃가루로 꽃가루받이를 해봐야 소용이 없기 때문이다. 수분이 제대로 되려면 주변의 다른 나무에서 꽃가루를 받아 와야 한다. 이 곤충 친구가 한 번에 꽃 한 송이 겨우 수분할 정도의 꽃가루만 들고 나오고, 비행에 서툴고, 카카오꽃이 겨우 하루 이틀 피었다가 진다는 점을 고려하면 이 특별한 관계를 유지하기가 얼마나 까다로운지 짐작하고도 남는다.

추가로 초콜릿깔따구는 거주지 조건이 까다롭다. 그늘과 높은 습도가 필요하고 유충이 자라는 바닥에는 썩은 잎이 깔려 있어야 한다. 유충이 열대우림 숲 바닥의 축축한 퇴비 속에서 자라기 때문이다.

그래서 깔따구가 좋아하는 그늘에서 너무 멀거나 너무 건조한 대규모 플랜테이션에서 카카오나무를 재배하면 카카오를 많이 생산할 수 없다. 플랜테이션에서 1000개의 카카오꽃 중 성공적으로 수분되어 성숙한 열매가 되는 것은 세 개에 불과하다. 평균 수령이 25년인 카카오나무 한 그루당 평생 겨우 5킬로그램의 초콜릿을 만들 수 있는 카카오 콩이 열린다.

쉽게 설명하면, 초코바 하나에 카카오나무 한 그루의 석 달치 생산량이 들어간다. 물론 부지런한 초콜릿깔따구의 고된 노동도 잊지 말자.

마지판은 간단히 만들 수 있다. 곱게 간 아몬드와 가루 설탕에 달걀흰자를 조금 넣어 잘 섞으면 된다. 그러나 마지판은 햇살 좋은 캘리포니아에서 일어나는 대단히 복잡한 '출산' 덕분에 존재한다.

전 세계 아몬드의 80퍼센트가 골든 스테이트(캘리포니아 주의 별칭―옮긴이)에서 생산되는데, 이곳의 날씨는 집약적인 생산에 이상적이므로 농부들은 이 지역을 최대한 이용한다. 아몬드나무가 길게 열을 지어 영국 햄프셔 크기의 땅을 뒤덮는다.

9월이 되면 농부들이 기계로 나무를 한 그루씩 일일이 흔들어 아몬드를 땅에 떨어뜨려 수확한다. 바닥에 떨어진 아몬드는 그대로 며칠 동안 건조된 뒤 대형 진공청소기로 한꺼번에 거둬진다. 그러므로 효율성과 위생 측면에서 아몬드나무 사이에는 단단히 다져진 땅 외에 아무것도 없는 게 이상적이다. 하지만 그러면 벌이나 기타 천연 꽃가루 전달자들이 근방 몇 킬로미터 안에서는 먹을 것을 찾을 수 없다. 아몬드나무가 아몬드를 맺으려면 현장에서 곤충이 꽃가루받이를 해주어야 하므로 참 난감한 일이다. 그래서 매해 2월, 미국에서는 대규모 운송 작전이 벌어진다. 미국 전역에서 수백만 개의 벌집이 특별히 제작된 트럭에 실려 운반되는 모습은 대규모 군사 훈련을 방불케 한다. 전국에 있는 벌집의 절반 이상이 매년 봄이면 캘리포니아에 모이는데, 덕분에 우리가 마지판을 즐길 수 있는 것이다.

다음에 마지판을 먹을 때, 마지판의 산파인 벌들이 있는 방향으로 다정한 인사 몇 마디 건네는 것은 어떨까.

● ——— 커피와 장운동 ———— ●

커피에는 여러 기능이 있다. 커피는 휴식 시간에 활력을 준다. 커피 머신은 사교 활동이 이루어지는 직장의 필수적인 허브이고, 커피한 잔은 아침에 나를 포함해 많은 사람의 정신을 깨우는 필수품이다.

전설에 따르면 커피의 각성 효과를 처음 발견한 인물은 에티오피아의 염소치기다. 그는 심술 맞은 염소가 붉은 커피콩을 먹고 기분 좋게 뛰어다니는 것을 발견하고는 직접 먹어본 끝에 그 효과를 알아냈다고 한다. 하루는 지나가던 수도사가 그 관계를 알게 되었고, 이후 그는 가장 긴 기도 시간에도 말짱하게 깨어 있게 되었다.

이 전설이 모두 사실은 아니겠지만, 우리가 좋아하는 커피를 머그잔에 따르기까지 다른 동물들이 중요한 역할을 한다는 점만큼은 부인할 수 없다. 여기에서 말하는 건 분명 염소보다 훨씬 작거나 큰 동물이다.

우선 작은 곤충에 관한 이야기를 시작하자. 가장 흔한 커피나무는 꽃 안에서 스스로 꽃가루받이를 해결할 수 있는 듯하지만, 커피 작물은 서로 꽃가루를 교환했을 때 생산량이 훨씬 많아진다. 그리고 커피는 꽃 피는 시기가 극히 짧으므로 꽃가루를 문 앞, 정확히 말하면 암술대까지 신속하게 배달할 수 있다면 그보다 좋을 수는 없다.

그렇다면 꽃가루 배달은 누가 할까? 온갖 종류의 벌들이다. 연구에 따르면 벌은 커피 생산량을 최대 50퍼센트까지 높인다.

꿀벌이 없는 지역에서는 단체 생활을 하지 않는 30종 이상의 단생 벌이 커피 꽃을 오가며 일한다. 대부분이 불임이고 여왕의 자손을 기르는 일이 전부인 군거 벌과 달리 단생 벌은 모든 암컷이 오롯이 자기 새끼를 책임진다.

꿀벌 같은 군거 벌은 커피를 수분하는 능력이 뛰어나다. 그래서 과거 커피 생산자들은 되도록 커피 플랜테이션 가까이에 벌집을 두었다. 그러나 꿀벌을 도입하면 전반적으로 일을 더 잘하는 여러 단생 벌을 쫓아낼지도 모른다는 것이 오늘날의 견해다.

단생 벌이 번성하려면 커피 플랜테이션 가까이에 집을 지을 만한 충분한 장소가 있는 게 중요하다. 맨땅이 필요한 종이 있는가 하면, 오래되거나 죽은 나무 구멍에 사는 종도 있다. 숲으로 둘러싸인 작은 커피 관목 밭에서 커피를 경작하는 전통적인 방법이 햇빛이 쨍쨍하게 내리비치는 대규모 플랜테이션보다 꽃가루받이에 훨씬 유리하다. 게다가 그늘에서 자란 커피가 맛도 좋다.

맛에 관한 얘기가 나왔으니 말인데, 세계 최고급 커피가 사실은 말 그대로 폐기물이라는 사실을 아는지? 커피콩이 동물의 장을 통과하면 일부 성분이 분해되면서 추출한 커피가 더 달고 덜 쓰게 된다.

세상에 나쁜 곤충은 없다

이 놀라운 사실은 사향고양잇과의 일원인 아시아사향고양이에서 발견됐다. 인도네시아 열대우림에 사는 아시아사향고양이는 작은 동물 또는 망고나 람부탄처럼 이국적인 과일, 그리고 커피콩을 포함한 다양한 식단을 즐긴다. 아시아사향고양이의 똥에서 반쯤 소화된 커피콩을 골라 고가에 팔 생각을 한 사람이 누구인지는 묻지 말길 바란다. 여기서 고가란 사향 커피 한 잔에 50파운드(약 7만 원)를 말한다.

처음에는 인도네시아 소농들이 짭짤한 부업 삼아 야생 사향고양이의 똥을 주워 커피콩을 채취했다. 하지만 이게 큰돈이 된다는 걸 안 이후에는 사람들이 사향고양이를 잡아다 우리에 넣고 비참한 환경에서 억지로 커피콩을 먹였다. 결코 그냥 두고 봐서는 안 될 끔찍한 일이다.

꼭 이 50파운드짜리 커피를 마셔야겠다면, 코끼리 똥으로 대신하는 것이 어떨지? 이 커피는 코끼리 보호에 앞장서는 자선 재단인 골든 트라이앵글 아시아 코끼리 재단에서 생산한다. 코끼리 입으로 들어간 커피콩이 3일 후면 똥에서 수거되며, 이 커피콩으로 만든 커피는 건포도 향이 난다.

솔직히 나라면 차라리 전통적인 방식으로 그늘에서 자란 커피에 건포도를 곁들여 먹고 말겠다.

곤충에 의한 수분이 과일 작물의 생산량 증가에 매우 중요하다는 사실은 잘 알려져 있다. 그러나 생산량뿐 아니라 품질 개선에도 도움이 된다는 걸 아는 사람은 몇이나 될까?

딸기를 예로 들어보자. 식물학적으로 딸기는 장과가 아니고 화탁(꽃턱)이 다즙성으로 부풀어 오른 것으로 열매(식물학적으로 말하면 견과)가 점점이 박혀 있다. 딸기 바깥에 있는 깨알처럼 작은 '씨'가 진짜 열매인데, 딸기가 크고 즙이 풍부해지려면 되도록 열매가 많이 발달해야 한다. 이 '씨'가 덜 발달하면 딸기는 작고 울퉁불퉁해진다. 수분이 잘된 딸기는 400~500개의 '씨'가 있는데 그러려면 곤충이 필요하다.

한 독일 연구 팀에 따르면 곤충이 수분한 딸기가 자가수분이나 바람으로 수분한 것보다 빨갛고 단단하며 못난이가 적었다. 단단한 딸기는 맛도 좋지만 운송이나 보관에도 좋다. 다시 말해 판매대 위에서 싱싱함을 오래 유지하며, 농부가 딸기 값을 더 잘 받을 수 있다는 뜻이다. 곤충이 수분한 딸기의 시장 가치는 바람으로 수분한 딸기의 39퍼센트, 자가수분한 딸기보다는 54퍼센트나 높았다.

곤충이 수분하는 다른 수많은 식용 식물에서도 비슷한 효과가 나타난다. 사과는 더 달고, 블루베리는 더 크고, 유채 씨는 유지 함량이 더 높고, 멜론이나 오이는 살이 더 단단하다. 심지어 정원사들이 꽃가루를 흔드는 호박벌을 흉내 낸 진동 지팡이를 들고 토마토 온실을 뛰어다녔지만, 맛 감정단의 판단은 가차 없었다. 어떻게 해도 곤충이 수분하는 토마토의 맛을 따라잡을 수 없다.

•————— 먹이를 위한 먹이 —————•

곤충이 인간의 먹을거리를 위해 수행하는 서비스는 벌꿀 생산과 꽃가루받이가 전부는 아니다. 곤충은 물고기나 새를 비롯해 인간이 섭취하는 많은 동물의 필수적인 먹이가 된다.

민물고기는 대개 곤충을 먹고 산다. 모기, 하루살이, 잠자리 같은 곤충은 새끼를 웅덩이로 데려가 철이 들 때까지 물속에서 키운다. 이 새끼의 대부분이 송어나 농어의 간식으로 생을 마감한다. 그리고 우리는 그 물고기를 먹는다. 다음에 저녁으로 송어 요리를 먹을 때면 곤충에게 감사하자.

새들도 열렬한 충식주의자들이다. 전 세계 조류의 60퍼센트 이상이 곤충을 먹고 산다. 특히 곤충은 크고 튼튼하게 자라기 위해 단백질이 필요한 새끼 새의 먹이로 중요하다. 꿩, 멧닭, 뇌조 등 사람이 즐겨 먹는 새들은 새끼일 때 육즙이 풍부한 곤충 유충에 영양을 의존한다.

인간 역시 곤충을 영양원으로 사용한다. 유엔은 세계 인구의 4분

5장 바쁜 벌레와 맛있는 벌레
: 곤충과 식량

의 1 이상이 식단의 일부로 곤충을 섭취한다고 추정한다. 곤충은 아시아, 아프리카, 남아메리카 국가에서 흔한 먹을거리지만, 유럽 문화에도 식충의 전통이 있다. 비록 곤충에 대한 이해가 오늘날의 기준에는 미치지 못하지만 — 곤충은 다리가 네 개가 아니라 여섯 개다 — 성경은 먹어도 되는 곤충이 뭔지 명확하게 설명한다.

> **발로 걸으며 날개가 달린 동물은 모두 너희에게 혐오스러운 것이다. 그러나**
>
> **네 발로 걸으며 날개가 달린 모든 벌레 가운데, 발 위로 다리가 있어 땅에서**
>
> **뛸 수 있는 것은 먹어도 된다.**
>
> 「레위기」 11장 20~21절

이 구절은 종종 메뚜기목을 제외한 다른 곤충은 불결하다는 뜻으로 해석된다. 실제로 고대에 메뚜기는 별미로 대접받았다. 기원전 700년경 바위에 새겨진 한 부조를 보면 꼬치에 꽂은 메뚜기를 왕에게 바치는 장면이 있다.

● ── 곤충은 건강하고 친환경적인 음식이다 ──●

곤충은 영양가가 매우 높은 식품이다. 종류에 따라 다르지만 일반적으로 소고기 수준의 단백질을 함유하고 지방은 거의 없다. 그 밖의 주요 영양소도 많이 들어 있다. 귀뚜라미 가루에는 칼슘이 우유보다 많고, 철분도 시금치보다 2배나 많다. 곤충을 먹는 것은 건강에도 좋을 뿐 아니라 친환경적이다. 현재 우리가 키우는 가축을 갈색거저리(밀웜의 성충) 같은 초소형 가축으로 바꾼다면 식량 생산을 좀 더 지속 가능하게 유지하는 데 도움이 될 것이다. 사람에 따라 고기를 적게 먹고 채소를 많이 먹는 식단으로 쉽게 전환하는 계기가 될 수도 있다.

알다시피 우리 인간은 공간의 압박을 받고 있다. 지구에는 이미 70억 명이 넘는 인간이 살고 있고, 1분마다 140명의 신참이 추가된다. 다달이 스코틀랜드 인구만큼 불어나는 셈이다. 모두의 배를 채워야 한다면 곤충이 전통적인 가축보다 훨씬 효율적인 선택이다. 메뚜기는 사료를 단백질로 변환하는 효율이 소보다 12배 높다고 추정된다.

게다가 곤충은 소보다 물을 훨씬 적게 소비하고, 소와 다르게 똥을 거의 누지 않는다. 소똥은 환경에 엄청난 쓰레기다. 소는 매일 어마어마한 양을 배설하고, 메탄을 비롯한 온실가스를 대량으로 방출한다. 곤충의 똥에는 그런 종류의 배설물이 거의 들어 있지 않다.

요약하면 이 초소형 가축은 공간, 먹이, 물이 거의 필요하지 않고, 대단히 빠르게 번식하며, 동시에 단백질 함량이 높은 효율적인 식량원을 제공하고, 최소한의 온실가스를 방출한다.

여기에 추가할 장점은 없을까? 있다. 인간이 버린 음식물 쓰레기로 곤충을 키울 수 있다(141쪽 참조). 양질의 식량을 생산하는 동시에 쓰레기 문제를 해결하는 일석이조의 효과를 거둘 수 있다. 곤충을 사람이나 가축의 식단으로 실용화하려면 더 많은 연구가 필요한데, 실제로 이 분야에 대한 관심이 커지고 있다. 한 가지 유망한 계획은 음식물 쓰레기 위에 아메리카동애등에black soldier fly 유충을 키우는 것이다. 이 구더기 같은 생물은 하루에 몸무게의 4배나 되는 음식물 쓰레기를 먹이와 퇴비로 바꾼다. 영양 가치가 최고조에 이르는 유충의 마지막 단계나 번데기 때 수확하면 물고기, 가금류, 돼지, 심지어 개의 사료로도 활용할 수 있다. 단백질 함량이 40퍼센트나 되므로 사람도 먹을 수 있다. 게다가 생산 과정에서 나오는 부산물(남는 먹이, 외골격, 배설물) 등은 식물 비료로도 사용이 가능하다. 유엔 식량농업기구FAO에 따르면 인간을 위해 생산되는 전체 식량의 3분의 1이 매년 버려지거나 낭비된다. 대안의 잠재력은 확실히 크다.

─────── 곤충이 밥상 위에 오르기까지 ───────

곤충을 사람의 먹을거리로 쓰는 데 환경적 이점이 있다면, 개미 몇 마리를 튀겨 샐러드 위에 뿌리거나 초콜릿으로 코팅한 메뚜기로 케이크를 장식하는 정도로 끝나서는 안 된다. 곤충을 통째로 내놓은 그런 요리들은 대개 일시적인 관심을 노린 구경거리에 불과하다.

우리가 털이 범벅인 양고기 스테이크를 먹지 않는 것처럼 곤충 역시 가공하여 구미 당기는 음식으로 바꿀 필요가 있다. 그리고 완제품을 싸고 쉽게 구할 수 있는 수준으로 대량 생산해야 한다. 그래야 귀뚜라미 가루로 만든 단백질 케이크와 밀웜 햄버거가 일상적인 음식이 될 것이다.

'고기 없는 월요일(비틀스 멤버 폴 매카트니가 제안한 육류 소비 감소 운동 — 옮긴이)'은 이미 유행하고 있다. 그렇다면 다음에는 '곤충 먹는 화요일'이 어떨까?

* * *

유럽 사람들이 곤충을 일상식으로 생각하기까지는 아무래도 시간이 좀 걸릴 것이다. 그동안 인간이 버린 유기 폐기물을 먹으며 자란 곤충을 주재료로 가축이나 물고기 사료를 개발하면 어떨까? 그럼 양식 연어에 브라질산 대두 대신 곤충을 먹일 수도 있을 것이다. 다행히도 관련 연구가 진행되고 있다.

곤충으로 인간의 식량을 만드는 일에는 어려움도 따른다. 곤충은 병을 옮기기도 하고 기생충이 있을 수도 있으므로 대량 생산할 때 잘 통제해야 한다. 또한 곤충 알레르기 등을 고려해 곤충 식용화 법규를 재정비해야 한다.

무엇보다 곤충의 한살이 관점에서 사업이 지속 가능해야 한다. 예를 들어, 미니 축사에 난방을 공급한다고 해서 손해가 나서는 안 된

5장 바쁜 벌레와 맛있는 벌레
: 곤충과 식량

다. 메뚜기는 1년 내내 밖에서 기를 수 있는 튼튼한 양 품종과는 다르다. 특히 북쪽 기후에서는 난방 없이 사계절을 견디지 못할 것이다. 적절한 수준의 난방은 곤충의 빠른 생장과 높은 번식률에 반드시 필요하다.

한 가지 중요한 난제가 남아 있다. 소비자의 반응이다. 소비자가 곤충을 흥미롭고 적합한 식품으로 보고 사먹고 싶어 해야 한다. 싸고 맛있는 곤충 가루가 출시되어 쉽게 구할 수 있으면 자연히 그렇게 될 것이다. 얼마든지 그렇게 할 수 있다. 날생선을 먹는 법을 배우는 데도 몇 년밖에 안 걸렸으니까.

언젠가 곤충이 새로운 초밥 재료가 될 수도 있지 않을까?

새로운 먹을거리를 시장에 내놓는 좋은 방법을 모색하는 것도 중요하다. 세계적으로 이미 많은 사람이 먹고 있는 메뚜기와 귀뚜라미는 상상력을 조금만 발휘하면 땅에서 나는 바다 새우로 재포장할 수 있다. 또한 곤충에 대해 긍정적인 연상을 일으키는 언어를 사용해야 한다.

곤충 식단을 개척하는 기획자들이 여기에 매달리고 있는데, 적어도 영어권에서는 유머가 답일 것 같다.

웨일스에 있는 '그럽 키친Grub Kitchen'이란 식당은 식당 이름에서 메뉴에 이르기까지 말장난으로 곤충 요리의 맛을 돋운다. '그럽grub'은 곤충의 유충이라는 뜻과 음식이라는 뜻이 있다. 이 식당의 메뉴는 '밀웜 마키아토mealworm macchiato', '버그 버거bug burgers', '크리켓

쿠키cricket cookies'처럼 첫 음을 맞추었다. 요리사 앤드루 홀크로프트는 요리에 사용되는 언어는 감각에 호소해야 한다며 다음과 같이 지적했다. "튀김이나 볶음처럼 바삭함을 강조하는 표현은 데침이나 반숙처럼 질척거리는 느낌이 드는 표현보다 맛있게 들립니다." 노르웨이에서는 부드러운 곤충 요리 홍보와 관련하여 '무시mushi'라는 단어가 제안되었다. 이 단어는 초밥(스시)이라는 긍정적인 연상을 끌어내며, 또한 일본어로 곤충을 뜻한다.

• ——— 피할 수 없다면 먹어라 ——— •

19세기 영국 곤충학자 빈센트 M. 홀트Vincent M. Holt는 영국 저소득층의 영양 상태에 대단히 관심이 많았다. 홀트는 노동자 계급이 풍부한 영양원인 곤충을 섭취해야 한다고 생각했다. 자유의 여신상이 미국 뉴욕에 도착하고 헨리크 입센의 희곡『야생 오리』가 노르웨이 베르겐에서 세계 최초로 막을 올린 해에 홀트는『왜 곤충을 먹지 않는가?』라는 제목의 작은 책자를 냈다. 이 책에서는 연체동물인 민달팽이와 달팽이, 그리고 갑각류인 쥐며느리가 잠시 곤충 세계에 편입됐다.

홀트는 곤충이야말로 식단에 추가해야 할 건강하고 유용한 재료라고 강하게 주장했다. 곤충이 당시 노동자 계급과 육체노동자들의 비참한 식사에 맛을 더할 거라고 생각했기 때문이다. 그는 농부가 저녁으로 밭에서 해충을 잡아먹고, 나무꾼은 점심으로 자기가 잘라낸 나무에 살던 통통한 애벌레를 찾아서 먹어야 한다고 제안했다. 모두가 윈윈하는 상황이다.

홀츠의 작고 웃기는 책에는 수많은 요리법이 들어 있다. 안타깝지만 그가 제안한 민달팽이 수프나 쥐며느리 소스를 뿌린 가자미 튀김은 별로 인기가 없을 듯하다. 엄선된 원재료 선택과 현대식 조리 과정이 식충에 대한 입맛 상실을 상쇄할지도 모른다. 오늘날 이 문제는 유엔을 비롯한 여러 토론회에서 진지하게 논의된다.

아마 결국 미래에는 홀트가 옳다고 증명될 것이다. "곤충들이 신념을 버리고 사람을 먹게 되는 일은 절대 없겠지만, 곤충이 얼마나 좋은 음식인지 알게 된다면 사람은 언젠가 기꺼이 곤충을 요리하게 될 것이다."

삶과 죽음의 윤회

: 관리자 곤충

　나는 오래된 거대한 참나무처럼 아름다운 것을 본 적이 없다. 지나간 시절의 유산이 되어 자랑스럽게 서 있는 이 나무들은 가로등과 소셜 미디어 시대 이전, 즉 컴퓨터 화면 속 어른거리는 파란 웹사이트가 아닌 고대의 나무 사이에서 트롤이 살던 시절보다 먼저 싹트고 자랐다.

　오늘날에도 거대한 참나무들은 마법을 고스란히 간직하고 있다. 삐삐 롱스타킹이 레모네이드를 발견했던 곳에서 우리 과학자들은 희귀한 곤충을 찾는다. 오래된 참나무 안은 천천히 썩어가면서 구멍이 생긴다. 그 안은 어둑하지만 완전히 깜깜하지는 않다. 균류와 축축한 땅의 냄새는 가을을 암시한다. 반대로 따뜻해진 목재가 주는 달콤한 힌트는 봄이 온다는 약속이다. 이곳에서 우리는 시간과 공간의 의미가 바뀌는 또 다른 세계를 발견한다. 여기에선 시간이 빠르게 흐른다. 딱정벌레에게 주어진 평생은 여름 한 철뿐이기 때문이다. 균류의 날것의 맛, 축축하고 생명이 썩어가는 한 주먹 크기의 적갈색 나무 곰팡이는 길이 1밀리미터짜리 앉은뱅이pseudoscorpion(의갈류)를 위한 완벽한 세상이다.

그 안에는 색이 선명한 참털진드기와 창백한 아기 딱정벌레, 덩치 큰 풍뎅이와 꼬마 톡토기가 산다. 이곳은 유치원과 번화가가 나란히 있고, 삶과 죽음, 드라마와 꿈이 밀리미터 간격으로 공존한다.

* * *

오래된 참나무와 그 속의 거주자를 탐색하는 일이 나를 절대 발디딜 일 없던 많은 산림지대로 이끌었고, 그 덕분에 놓치고 싶지 않은 자연을 많이 만났다. 베스트폴의 벌거벗은 바위 언덕에 멀리 푸른 산맥이 보이고 따뜻한 봄 햇살이 얼굴로 내리쬐던 소풍 장소. 하루 일과를 마치고 운전해서 돌아가던 길에 올빼미와 초승달이 유일한 벗이었던 텔레마크에서의 늦은 봄밤. 퍼붓는 비를 맞으며 겨우겨우 올라간 아그데르의 가파른 산비탈. 참나무마다 일찍이 사람들이 겨울철 가축 사료로 잎을 수확하던 시절의 가지치기 흔적이 남아 있는 노르웨이 서부의 돌투성이 비탈길. 넓은 가로수길, 목초지, 경작지 안의 나무가 우거진 작은 언덕, 개인 정원. 나는 대개 혼자서 다녔지만, 이 오래된 참나무에는 오슬로 인구보다 많은 생물이 살고 있었으므로 진정 혼자는 아니었다.

세상에 나쁜 곤충은 없다

*　　*　　*

오래된 속 빈 참나무는 요새와 같다. 실로 생물 다양성의 요새 자체다. 탄력 있는 참나무 껍질은 구멍 속에 사는 수백 종의 곤충에게 비와 해와 배고픈 새를 피할 은신처를 제공한다. 통널 교회(북유럽에서 기원한 중세의 목조 교회 — 옮긴이)의 용과 뱀이 얽힌 장식이 떠오르는 참나무 껍질은 작은 핀지의류의 서식처다. 참나무 뿌리와 밀접한 공동생활을 하는 균류가 있는가 하면, 곤충이 죽은 목재를 분해하도록 돕는 균류도 있다.

이 모든 종의 존재를 책임지는 것은 나무 곰팡이다. 여기서는 썩어가는 나무 부스러기, 균사, 오래된 새 둥지, 약간의 박쥐 구아노(동물의 배설물이 쌓여 굳은 덩어리 — 옮긴이)가 섞여 생명을 준다. 곤충에게 나무 곰팡이는 고급 식당과 같다. 까다롭기로 소문난 벌레들도 이곳에서는 입맛에 맞는 메뉴를 찾을 수 있다. 참나무 구멍 속 희미하고 축축한 대기 속에 수백 종의 생물이 거대한 나무를 새 도토리를 싹 틔울 곰팡이와 토양으로 서서히 바꾸면서 영원한 자연의 윤회에 이바지하고 살아간다.

싹이 나고 자란 식물 중 초식동물이 소비하는 양은 10분에 1에 불과하다. 전체 식물 생산량의 나머지 90퍼센트는 땅에 남는다. 죽음을 맞이하는 것은 풀과 나무만이 아니다. 깔따구에서 말코손바닥사슴까지 모든 동물에게 수명이 다하는 순간이 온다. 그 결과, 재활용이 필요한 단백질과 탄수화물의 양이 어마어마하게 많아진다. 게다가 이 생물들이 살아 있는 동안 만들어내는 쓰레기, 즉 똥도 누군가 처리해야 한다. 모두가 기피하는 더러운 일이지만 언제나처럼 곤충이 우리를 돕는다.

여기서 자연의 관리인들이 제공하는 서비스에 주목하자. 학교, 사무실, 아파트에서처럼 뒤치다꺼리하는 건 관리인들이다. 숲, 초원, 그리고 우리가 사는 도시도 마찬가지다. 수천수만의 균류와 곤충들이 죽은 유기물질의 분해라는 중요 과제를 철저히 수행한다. 자연의 작은 관리인들이 지저분한 것들을 모두 먹어 치운다. 시간이 오래 걸릴 때도 있고, 각자 다른 일을 맡은 종끼리 긴밀하게 협업해야 할 때도 있다.

일요일에 숲과 공원을 산책하며 이런 생각을 하는 사람은 없겠지만, 이 분해 과정은 지구에 사는 모든 생명에 필수적이다. 말라비틀어진 나무와 썩은 유해를 줄기차게 씹어 먹는 곤충들은 눈앞의 똥과 죽은 동식물을 치우기만 하는 게 아니다. 이들은 죽은 유기물질의 영양소를 땅으로 되돌린다. 질소와 탄소처럼 중요한 물질이 토양으로 돌아가지 않는다면 새로운 생명이 자랄 수 없다.

• ———— 부동산 시장의 인기 매물 ———— •

어미 곤충이 숲속에서 살 집을 찾을 때 우선순위는 인간과 다르다. 죽은 나무에 사는 딱정벌레류를 예로 들어보자. 우리는 축축한 상처와 썩은 것을 보면 겁을 먹지만, 딱정벌레는 먹성 좋은 자식들에게 안성맞춤인 꽉 채워진 냉장고로 생각한다.

딱정벌레 여사가 집을 보러 나선다. 죽은 나무에 여섯 개의 발을 살포시 내려놓는다. 아기 벌레들에게 좋은 방이 될지 확인하기 위해 더듬이와 발가락으로 착륙 지점의 맛을 보고 냄새를 맡는다. 마음에 들면 재빨리 나무껍질의 갈라진 틈에 알을 낳고 사후관리가 필요한 다른 나무를 찾아 이동한다.

알이 작은 유충으로 부화하면 나무껍질과 목재를 대담하게 씹어 먹기 시작한다. 이는 엄청난 과제지만 다행히 혼자하는 일은 아니다. 수천 마리 유충이 세균과 균류의 도움을 받아 죽은 나무에서 능숙하게 작업한다.

죽은 지 얼마 안 되는 나무에서는 무척 재미있는 일이 벌어진다. 나무껍질 아래로 달콤한 수액이 풍성하게 흐른다. 이것이 발효하면 손님들 사이에서 진정한 잔치 분위기가 형성된다. 나무마다 전담 딱정벌레가 게걸스럽게 먹어 치운다. 나무좀은 전형적인 예다. 그러나 속도가 중요하다. 나무가 죽은 뒤 첫 여름이 끝날 무렵이면 남는 게 거의 없기 때문이다. 귀한 당분이 모두 사라진다.

반대로, 오래전에 죽어서 말라버린 목재는 형편없는 끼니다. 셀룰로스와 리그닌은 목재를 구성하는 가장 중요한 두 구성 성분이지만, 곤충으로서는 사람이 쌀겨를 먹는 것만큼이나 소화하기 힘들다. 그래서 균류 중에 셀룰로스나 리그닌에 열광하는 종이 있는 것은 반가운 일이다. 균류는 숲속에 균사를 퍼뜨려 셀룰로스와 리그닌의 영양 가치를 높이고 먹기 쉽게 만들어 딱정벌레들을 꼬여낸다. 세균들도 요리에 훌륭한 고명을 얹는다. 어떤 딱정벌레는 나무의 가장 소화하기 힘든 부분에서도 양분을 추출할 수 있는 작은 파트너를 몸속에 지닌다. 이렇게 수많은 생명체가 죽은 나무의 분해에 관여한다.

●────── **살아 있는 죽은 나무** ──────●

죽은 나무의 가지와 뿌리는 놀라울 정도로 많은 종의 집이다. 북유럽 국가를 기준으로 죽은 나무에 6000여 종의 생물이 사는데, 유럽의 숲에서 찾을 수 있는 전체 종의 3분의 1에 해당한다. 그중 대략 3000종이 곤충이다. 반면에 새는 약 300종, 포유류는 100종 미만이다.

균류와 곤충, 이끼와 지의류, 세균이 이주를 마치면 죽은 나무에는 살아 있을 때보다 더 많은 살아 있는 세포가 존재하게 된다. 그러므로 아이러니하게도 죽은 나무는 우리가 숲에서 찾아볼 수 있는 가장 생명이 넘치는 존재인 셈이다. 그리고 모든 종이 각각 특별한 청소 업무를 맡는다. 각자 살고 싶고 먹고 싶은 나무가 구체적이고 명확한 것은 말할 것도 없다.

그렇다면 죽은 나무에 왜 그렇게 많은 종이 있을까? 부분적으로는 죽은 목재를 먹고 사는 곤충들이 찾는 나무의 조건이 제각각이기 때문이다. 나무가 입맛에 맞지 않는 우리 인간은 나무의 종류, 분해의 단계, 크기, 주위 환경 등 미묘한 것들을 일일이 파악하기 쉽지 않다. 그러나 곤충에게는 죽은 가문비나무가 죽은 자작나무와 매우 다르다. 또 방금 죽은 사시나무는 죽어서 몇 년간 숲에 누워 있는 사시나무와도 다르다. 앞서 언급한 것처럼(101쪽 참조) 풀과 나무는 초식성 동물과 곤충에 대항하는 능동적인 종 특이적 방어 체계를 갖고 있다. 이는 나무가 죽은 다음에도, 특히 나무가 죽은 직후에도 여전히 지속되므로 숨이 갓 끊어진 나무에 제일 먼저 도착한 곤충은 이 방어 체계에 대처하는 능력을 갖고 있어야 한다.

크기도 중요하다. 죽은 참나무의 나뭇가지는 대형 참나무의 썩은 줄기 내부와는 완전히 다른 서식처를 제공한다. 언덕의 뜨거운 태양 아래에서 죽은 소나무에는 어둡고 빽빽한 숲에서 죽은 소나무와는 전혀 다른 식습관을 가진 종들이 산다. 그러니까 나뭇가지라고 해서 다 같은 나뭇가지가 아니다. 죽은 목재는 고급 포도주 못지않은 미묘한 차이가 있으며, 많은 곤충이 까다로운 감정가로서 이를 식별한다. 곤충은 이처럼 요구 조건이 다양하므로, 모든 곤충이 제집을 찾아 일을 마무리할 수 있게 충분한 주거지를 제공하려면 숲이 온갖 종류의 죽은 나무를 갖춰놔야 한다.

그러나 딱정벌레 어미가 새끼를 위한 죽은 나무줄기를 찾아다닐 때 고려할 게 하나 더 있다. 곤충 주택 시장에서 호기는 짧다는 것, 그리고 적기에 적절한 나무를 찾아 들어가는 게 쉽지 않다는 것이다. 지름이 큰 참나무 줄기처럼 귀하거나 죽은 나무 사이의 간격이 너무 크면(오늘날 인공림에서 종종 일어나는 일이지만), 그 나무에 의탁한 곤충은 거기까지 도착하지도 못할 것이다.

그래서 천연림이 중요하다. 천연림은 벌채나 간벌이 되지 않은 숲이다. 천연림은 인공림보다 죽은 목재가 훨씬 많고, 죽은 나무의 다양성도 더 크다. 시장에 훨씬 많은 집이 나와 있다는 말이다. 죽은 나무가 서로 가까이 있어 엄마 벌레는 하룻밤 사이에 여러 군데를 방문하고 여기저기 알을 낳을 수 있다. 이 과정에서 딱정벌레의 다양성이 창조된다.

세상에 나쁜 곤충은 없다

죽은 나무에서 일어나는 일은 내가 가장 좋아하는 주제이자, 내가 속한 연구 팀에서 많이 연구하는 주제다. 비록 '로켓 과학'은 아니지만, 우리가 대단히 성공적인 프로젝트를 수행하고 있는 건 확실하다. 15년 전, 진짜 폭발 실험을 했을 때처럼 말이다. 당시 우리는 지상 5미터 높이에서 나무 주위로 몇 미터의 도폭선을 감고 도화선에 불을 붙였다. 그리고 냅다 달렸다. 거대한 폭발음과 함께 나무줄기는 날아가 버렸고 나무 윗부분은 바닥으로 추락했다.

이 실험의 목적은 서 있는 죽은 나무를 만드는 것이었다. 우리는 그런 나무를 총 60그루 만들었고, 이후 매년 이 나무들에 어떤 딱정벌레가 방문하는지 확인했다. 이 조사를 통해 곤충마다 제각각인 식습관을 배웠다. 또한 조림 구간의 수목 지연 환경 조치, 즉 키 큰 그루터기가 될 나무들을 남겨두는 인공림 관리가 실제로 효과가 있음을 알게 되었다.

더 재밌는 것은 15년이 지난 지금까지도 과거 벌레들의 방문에서 시작한 메아리가 들린다는 점이다. 오래전 과거에 어떤 곤충이 들렀느냐에 따라 나무에 자라는 균류의 종류가 달라진다는 사실이 최근에 밝혀졌다. 우리는 균류와 딱정벌레가 일종의 벌과 꽃의 관계로 발전해왔다고 생각하기에 이르렀다. 서로가 서로에게 쓸모 있는 사이가 된 게 아닐까? 어쩌면 나무 균류가 특정 딱정벌레의 몸을 얻어 타

세상에 나쁜 곤충은 없다

고 식당 문 앞에서 내리는지도 모른다. 우리는 밀접한 협업 관계에 의존해 살아가는 나무좀과 균류를 알고 있다. 그러나 이런 협업이 상호 의존 단계까지 가지 않고도 양편 모두가 이득을 얻는, 보다 느슨한 형태보다 훨씬 흔할까?

이를 확인하기 위해 한 박사 과정 학생이 나무, 아니 엄밀히 말하면 나무의 일부를 우리 안에 넣고 실험을 했다. 살아 있는 나무를 동일한 크기로 자른 후 무작위로 골라 우리에 넣고 망을 씌웠다. 벌레가 망을 통과할 수 없으므로 우리에 넣은 통나무에는 곤충이 방문하지 않았다. 대조군 통나무는 우리 바깥에 두고 평소처럼 곤충이 드나들게 했다.

곤충이 접근할 수 없는 통나무의 균류 사회는 완전히 달랐다. 많은 곤충이 몸의 표면이나 창자에 포자와 균사를 싣고 오기 때문이다. 균류는 곤충이 알을 낳으려고 죽은 통나무에 내려앉을 때 산포되거나 곤충의 배설물과 함께 배출되어 새로운 집을 찾는다.

덧붙여 정말 흥미로운 결과가 나타났다. 우리 속에 넣은 통나무는 훨씬 천천히 분해되었다. 곤충이 돕지 않으면 청소 작업이 훨씬 더디게 진행된다는 말이다.

나는 달리기를, 특히 부드러운 숲길에서 뛰는 것을 좋아한다. 집에서 30분 정도 뛰어가면 나무막대 꺼내기pick-up sticks 게임장처럼 온통 죽은 나무로 뒤덮인 보호림이 나온다. 주위를 둘러보며 종을 세어본다. 노르웨이 숲에는 약 2만 종이 있다. 물론 모든 종이 '내' 숲에 살지는 않겠지만, 그래도 몇 종이나 볼 수 있을까? 나무 여러 종, 10여 종의 초본, 지의류, 균류들이 있다. 소리 내지 않고 은밀하게 다니다 보면 말코손바닥사슴이나 대형 조류도 볼 수 있다. 여름에는 곤충이 폭발적으로 늘어나지만 그렇더라도 이 보호지역에서조차 100종 이상 찾지는 못한다. 그렇다면 다른 종들은 다 어디에 있을까?

그 수많은 나머지 종들은 평생 숨어 사는 작은 곤충 및 그와 연관된 생물들이다. 앞에서 말한 대로 숲에 사는 종의 3분의 1은 죽은 나무의 안과 밖에 산다. 또 다른 주요 서식처는 토양이다. 종들이 그렇게 빽빽이 들어찬 다른 장소는 찾아보기 힘들다. 숲에 다녀오면 운동화 밑창에 들러붙는 작은 흙에도 미국 인구보다 많은 세균이 살고 있다. 셀 수조차 없는 균사는 말할 것도 없다. 또한 토양에서는 많은 중요한 생물과 작은 곤충을 찾을 수 있다. 어둠 속 저 아래에 지렁이와 진드기, 회충, 애지렁이, 톡토기, 쥐며느리 등 작은 생물들로 이루어진 동물원이 있다. 평소에 우리가 관심을 쏟지 않아도 이들은 씹고, 파고, 환기하고, 흙을 섞으며 대단히 중요한 재활용 처리를 한다.

눈 깜빡할 사이에 쓰레기가 토양으로 전환되어 새로운 생명을 싹 틔울 준비를 한다. 기적이 따로 없다.

토양은 중요하다. 그러나 매년 엄청난 양의 토양이 사라진다. 조깅하는 사람들이 신발에 조금씩 묻혀가기 때문이 아니다. 바람과 물에 의한 침식 때문이다. 일부는 자연적인 현상이지만, 많은 지역에서 토양 소실이 일어나는 이유는 인간이 자연 식생을 제거하기 때문이다. 땅에 식물의 뿌리가 없으면 흙은 어딘가에 단단히 붙들려 있지 못하고 바람에 날리거나 하천과 바다로 흘러 들어간다. 결과적으로 매년 수십억 톤의 표토층이 사라진다. 동시에 분해자 다양성까지 함께 사라진다. 다양한 분해자는 토양 영양소들을 지속적으로 회복해준다.

토양은 지구의 피부다. 마그마와 암석 지각 위에 살아 있는 얇은 층이다. 우리는 지구의 피부 관리에 좀 더 신경 써야 한다. 자주 거울을 보며 걱정스럽게 피부를 확인하는 십대처럼, 우리도 표토층과 숲 토양의 안녕을 의식해야 한다. 그곳에 사는 모든 거주자와 함께. 우리에겐 그들이 필요하고—화장품 업계의 언어를 빌리자면—당신의 피부는 소중하니까.

맨해튼 개미

축제장의 핑거 푸드, 공원에서의 소풍. 여름이 되면 사람들은 먹

을 것을 싸 들고 도시로 놀러간다. 하지만 길에 떨어진 햄버거, 잔디
밭에 흘린 핫도그 등 음식 쓰레기는 어떻게 될까? 바로 여기에 개미
가 등장한다.

많은 사람이 개미를 귀찮은 존재로 여기며 심지어는 역겨워한다.
그러나 도시에 개미가 사는 것은 좋은 일이다. 맨해튼에서 개미를 연
구하는 과학자들은 어림잡아 도시 인구 한 명당 2000마리의 개미가
있다고 추정한다. 그러면 개미는 도시에서 무엇을 할까? 주로 먹이
를 모으고 번식을 한다. 식습관을 보면, 개미는 식성이 까다롭지 않
고 건강하다. 또 다른 과학자들은 맨해튼에서 개미가 처리하는 정크
푸드 쓰레기를 합치면 1년에 핫도그 6만 개에 해당한다고 한다. 개
미가 있어서 얼마나 다행인지.

과학자들은 실험을 통해 맨해튼의 여러 지역에서 얼마나 많은 음
식 쓰레기가 개미의 뱃속으로 들어가는지 비교했다. 공원, 그리고 도
로의 중앙분리대에 설치한 미니 '음식 쓰레기 카페'에 무게를 정확
히 잰 식사가 차려졌다. 과학자들은 개미에게 핫도그, 감자 칩, 디저
트용 쿠키 등 뉴욕 스타일 패스트푸드 종합 세트를 제공했다. 또한
개미나 다른 작은 도시 벌레의 종 풍부도를 측정해 혼잡한 거리의 중
앙분리대보다 공원에 더 많은 종이 살고 있음을 확인했다.

종이 풍부한 사회가 다양한 자연계에서 먹이를 더 효율적으로 모
을 수 있다는 사실이 증명된 바 있기 때문에, 과학자들은 공원의 개
미가 중앙분리대의 개미보다 음식 쓰레기를 더 많이 먹을 거라고 기

대했으나 맨해튼에서 얻은 결과는 정반대였다. 중앙분리대의 개미가 음식 쓰레기를 2배 이상 가져갔다. 그 이유는 여러 가지일 것이다. 첫째, 중앙분리대가 기온이 더 높다. 개미는 냉혈동물이라서 따뜻한 곳에서 더 활발하게 움직인다.

둘째, 유럽에서 이주한 도로개미Pavement ant는 미국식 정크푸드를 아주 좋아하는데, 도로개미는 중앙분리대에 훨씬 많았다. 이들이 등장하면 3배나 많은 정크푸드 쓰레기가 사라진다. 맨해튼의 음식 찌꺼기 처리는 종 다양성보다 환경 조건이나 개별 종이 더 중요하다는 뜻이다.

도로개미는 세력권을 형성하고 여느 도시의 갱단처럼 침입자에 대항해 영역을 사납게 방어한다. 그러나 맨해튼 거리에는 개미 갱단만 있는 게 아니다. 개미보다는 수가 적지만 대신 크기가 큰 쥐와의 폭력 사건이 빈번하게 발생한다. 쥐들도 정크푸드 약탈전에서 제 몫을 챙기고 싶어 한다. 이 작은 갱단 사이의 충돌은 그들보다 몸집이 큰 인간에게 더 흥미로운데, 비록 쥐가 인간이 먹다 버린 것을 치워 준다는 면에서는 긍정적으로 기여하지만, 쥐는 병을 옮기기로 악명이 높기 때문이다. 개미한테는 같은 비난을 할 수 없다. 즉, 개미가 도시의 옥외 공간 정화 임무에 훨씬 적합하다는 뜻이다.

인간의 도시조차 기어 다니는 작은 생물들이 중요한 구성 요소로 작용하는 생태계라는 사실을 인정할 때가 되었다. 맨해튼 브로드웨이의 중앙분리대에만 13종의 개미가 서식한다. 뉴욕에서만 총 40종의 개미가 발견되는데, 영국 전 지역에서 발견되는 개미 종의 약 3분의 2에 해당한다. 오늘날 세계 인구의 절반 이상이 도시에 살고 있으므로 우리는 도시 생태계가 돌아가는 방식을 제대로 알아야 한다.

중요한 것은 도시 속 자연도 도시 생태계에 중요한 서비스를 수행한다는 점이다. 나무는 그늘을 제공하고 소음을 줄이고 공기를 정화한다. 녹지대는 폭우가 쏟아진 뒤 물을 흡수하여 홍수를 예방한다. 개방된 수역은 도시의 열기를 식히고, 연못이나 개울에 사는 생물들은 물을 깨끗하게 거른다. 아주 작은 땅뙈기에도 개미처럼 식물의 꽃가루받이를 하고 씨앗을 퍼뜨리고 거리를 청소하는 유용한 벌레가 많이 산다.

노르웨이 오슬로의 경제학자들은 도시에서 생태계가 제공하는 서비스와 그 가치를 연구했다. 그 결과 수도인 오슬로 시내와 주변 지역에서 거주자들의 건강과 안녕에 대한 녹지대의 가치를 정량화한 결과—여러 측정치 중에서 시간 사용 가치는—최대 수백만 파운드(수십억 원)로 나왔다.

이것은 심지어 개미의 기여도를 포함하지 않은 수치다.

도시 생태에 대해 더 많은 지식을 쌓는다면, 도시를 더 잘 계획하고 유지할 수 있을 것이다. 중앙분리대에서 갈퀴질을 '덜' 하는 간단한 일조차 중요하다. 모험심 많은 맨해튼 개미에게 숨을 곳과 행복한 삶을 보장할 테니까.

대도시 거리의 핫도그 외에도 자연계에는 청소해야 할 다른 죽은 고기들이 있다. 죽어서 그 자리에 방치된 크고 작은 동물들을 생각해보라. 이들이 하루빨리 재활용되지 않는다면 상당히 불쾌한 광경이 연출될 것이다.

곤충 입장에서 도망가지도 않고 맞서지도 않는 사체는 간편한 식량원이다. 그러나 재빨리 움직여야 한다. 사체는 영양분이 풍부해 누구나 찾는 먹잇감이기 때문이다. 게다가 이 경쟁에는 다양한 체급의 선수들이 참가한다. 곤충은 말 그대로 플라이급 선수지만, 상대는 여우, 까마귀, 독수리, 하이에나 같은 헤비급 선수들이다. 한 가지 좋은 전략은 일부 쉬파리속*Sarcophaga* 파리처럼 알이 아닌 방금 부화한 유충을 사체에 두는 것이다. 또 다른 전략은 빨리 먹고, 빨리 자라고, 번데기가 될 수 있는 크기에 제한을 두지 않고 융통성 있게 대처하는 것이다.

또 한 가지 교활한 방법은 사체를 땅에 파묻어 숨기는 것이다. 송장벌레속*Nicrophorus*의 아름다운 벌레들은 사라지게 하는 마술의 달인이다. 두 마리가 짝을 지어 일하면서 사체 밑에 땅을 파고 위에는 흙을 얹어 하루면 지상에서 죽은 쥐 한 마리가 완벽하게 사라진다. 이들은 땅속에서 사체를 공 모양으로 감싼 다음 알을 낳는다. 다소 황당한 장소에 새끼를 맡기긴 했지만 어쨌든 이들은 자식을 신경 쓰는 부모다. 유충은 처음에 스스로 음식을 소화할 능력이 없으므로 어미가 사체를 잘게 씹어 되새김질해 입에 넣어준다. 송장벌레는 사회적 곤충을 제외하고 곤충 세계에서 부모가 자식을 보살피는 몇 안 되는 예다(72쪽 참조).

송장벌레에게는 곤충이 아닌 좋은 친구가 있다. 갓 부화한 송장벌레 유충이 고향을 떠나 다른 사체로 이동할 때면 작은 진드기들이 떼로 그 위에 올라타 무임승차를 한다. 이 진드기 종은 송장벌레하고만 산다. 날 수 없기 때문에 신선한 사체로 가는 교통편을 부탁해야 한다. 그 대가로 진드기들은 사체에 있는 경쟁자 파리의 알이나 유충을 먹어 치운다.

사체를 분해하기 위해 등장하는 이 부패 전담반은 곤충 세계에서도 별로 언급되는 적이 없고 그리 대우도 받지 못한다. 호박벌만큼 두터운 팬층이 있는 것도 아니다. 하지만 송장벌레는 말할 수 없이 중요한 생물이다.

남아시아 사람들은 사체를 먹는 동물이 사라졌을 때 어떤 대가를 치러야 하는지를 몸소 배웠다. 문제의 생물은 독수리였다(독수리는 검정파리의 큰형으로 불리고 사람들에게 검정파리만큼이나 좋지 못한 평판을 받고 있다). '뉴 밀레니엄'이라고 불리는 2000년대가 막 시작됐을 때 병든 소의 치료제로 디클로페낙이라는 약물이 인도에 도입되었다. 그리고 불과 15년 후, 전체의 99퍼센트라는 말도 안 되는 수의 독수리가 죽었다. 잔류한 약물 성분이 죽은 소를 먹은 독수리의 몸으로 옮겨졌기 때문이다. 독수리들은 신장병을 앓다가 죽었다. 독수리가 자취를 감춘 곳에서 시체를 청소하는 곤충들이 전력을 다해 일했지만, 이들만으로는 그 많은 썩은 고기를 처리할 수 없었다. 그 결과 죽은 소들이 땅에 방치되었다. 독수리가 사라지자 다른 대형 청소 동물이 등장했다. 들개였다. 야생 들개의 개체 수가 폭발적으로 증가하면서 광견병 위험도 커졌다. 정상적인 시체 청소부가 사라진 결과 들개가 늘어나면서 인도에서 4만 8000명이 광견병으로 사망했다.

썩은 고기를 먹는 동물은 경찰의 범죄 수사도 도와준다. 사체에 모여드는 종에는 패턴이 있는데, 이것을 다른 단서들과 연결하면 범죄 해결에 도움이 될 때가 있다. 곤충으로 살인자를 밝혀낸 최초의 사건은 1235년 중국의 작은 마을에서 일어났다. 한 남성이 낫으로 잔인하게 살해되었다. 조사관은 동네 농부들에게 각자 낫을 들고 모이라고 한 다음 밖에서 이들을 기다리게 했는데, 뜨겁고 맑은 날이었으므로 얼마 지나지 않아 파리가 나타났다. 그런데 파리들이 모두 한 사람의 낫에 모여들었다. 낫의 주인은 충격을 받아 그 자리에서 범행을 자백했다. 놀라운 후각을 지닌 파리는 낫을 닦아냈음에도 피 냄새에 끌려 모여든 것이다.

오늘날의 범죄 수사는 좀 더 발전된 방식으로 진행되지만, 기본 원리는 같다. 곤충들은 일정한 순서에 맞춰 사체에 나타나고 자연의 법칙을 따른다. 이 사실을 이용하면 사망 시간을 추정하거나 사망 원인을 밝힐 수 있다. 사건과 연관된 약물이나 독물은 그곳에 있던 곤충의 몸에도 쌓이므로 좀 더 쉽게 검출할 수 있다. 이런 화학물질은 구더기의 성장 속도에도 영향을 미치기 때문에 곤충 법의학자에게 사망 시간을 추정하는 중요한 정보를 제공한다.

게다가 생물 종은 보통 지리적으로 제한된 지역에서 분포한다. 그 지식을 사용해 사체의 이동 여부를 파악할 수 있다. 만약 사건 현장에서 발견된 종이 일반적으로 완전히 다른 지역에 서식하는 것이라면 말이다. 하와이 사탕수수밭에서 발견된 사체의 사례가 있다. 사체에서 발견된 가장 오래된 유충은 주로 도시 지역에 사는 파리의 유충이었다. 실제로 피해자의 사체는 호놀룰루의 한 아파트에서 며칠간 방치된 후 밭에 유기된 것으로 드러났다.

곤충은 범죄 해결에 간접적으로 기여하기도 한다. 미국에서는 자동차 라디에이터 그릴에 뭉개진 곤충을 증거로 범인을 궁지에 몬 사건이 있었다. 용의자는 가족이 캘리포니아에서 살해될 당시 동부 해안 지역에 있었다고 주장했으나, 렌터카에서 발견된 종은 서쪽 해안가에서만 발견되는 종이었기 때문이다.

● ── 자연의 부름에 답하는 곤충들 ──────────●

모든 동물은 똥의 형태로 노폐물을 제거한다. 포유류 같은 대형동물의 똥은 생물량이 상당하다. 똥에는 유용한 영양소도 있지만, 그

외에 다량의 병원균과 기생충, 그리고 몸이 배출하고자 하는 물질이 들어 있다. 모든 생물이 남의 똥을 먹고 살지는 않지만, 곤충은 언제라도 준비 완료다. 딱정벌레와 파리는 특히 식단에 배설물이 포함되는 경우가 많다. 이런 작업에는 뛰어난 후각이나 빠른 반사작용 등의 전문 기술이 필요하다. 소똥을 차지하기 위한 싸움에서 한 점의 똥이라도 건지려면 재빠르게 움직여야 하기 때문이다.

뿔파리 같은 참가자들은 소가 똥을 채 다 싸기도 전에 알을 낳기 시작하는 것으로 유명하다. 큰 위험을 감수해야 하지만, 자식을 최고의 환경에서 키우고 싶은 부모에게는 못 할 일이 없다. 신선한 똥은, 특히 따뜻할 때는 핫케이크처럼 불티나게 팔린다. 예를 들어, 어떤 실험에서는 연구자들이 코끼리 똥 덩어리 500밀리리터를 내놓았더니 15분 만에 4000마리의 딱정벌레들이 득달같이 달려들었다. 다른 실험에서는 1만 6000마리의 쇠똥구리들이 모여서 작업을 시작한 지 불과 몇 시간 만에 코끼리 똥 1.5킬로그램이 지상에서 흔적도 없이 사라졌다.

* * *

쇠똥구리는 거주하기, 터널 뚫기, 굴리기의 세 가지 주요 전략을 구사한다.

거주하기 전략을 사용하는 녀석들은 밥상을 끼고 사는 걸 좋아한 나머지 아예 똥에 들어가 살면서 밥도 먹고 알도 낳는다. 많은 노르웨이 쇠똥구리(똥풍뎅이 아과)들이 이 범주에 속한다. 이 전략에는 위험이 따른다. 같은 똥에 얼마나 많은 경쟁자가 알을 낳는지 알 수가 없기 때문이다. 최악의 경우 여러 마리 유충이 한꺼번에 먹어대면 결국 모두가 굶어 죽는다.

이런 상황을 피하고자 어떤 쇠똥구리는 새끼에게 전용 식품 창고를 만들어줄 요량으로 증축 공사를 하는데, 이것이 터널 뚫기 전략이다. 이 기술을 사용하는 쇠똥구리들은 똥의 바로 밑이나 옆에 길이 10센티미터에서 길게는 1미터에 이르는 터널을 판다. 보통 부모 쇠똥구리가 함께 일하는 종들일수록 터널을 길게 판다. 그리고 터널 끝에 작은 똥 덩어리를 끌고 오면 아이 방이 완성된다.

가장 발전한 전략은 굴리기다. 굴리는 종은 제 몫의 식량을 챙겨서 서둘러 자리를 뜬다. 이들은 똥을 뭉쳐 공으로 만드는데, 보통 제 몸무게의 50배 이상 나간다. 그리고 공을 천천히 굴리는데, 태양이 구름 뒤에 숨었건 별이 빛나는 어두운 밤이건 무조건 앞으로 직진한다. 어떻게 그렇게 하는 걸까?

창의적인 과학자들이 직접 야외에 나가 여러 가설을 시험했다. 어떤 이들은 쇠똥구리의 머리에 작은 챙모자를 씌워 태양을 가렸다. 대형 거울을 사용해 태양과 달의 위치를 조작한 실험도 있었다. 그중에서 가장 기발한 것은 실험 자체를 요하네스버그 천문관에서 실시한 사례인데, 쇠똥구리들이 은하수를 이용해 방향을 찾는다는 사실을 증명했다. 별을 이용해 방향을 찾는다고 알려진 생물은 지금까지 인간, 바다표범, 그리고 몇몇 새가 유일하다.

이 특별한 벌레는 수천 년간 인간을 매료시켰다. 똥을 굴리는 진왕소똥구리*Scarabaeus sacer*는 이집트 신화에서 중심적인 역할을 했다. 고대 이집트인들은 이 벌레가 커다랗고 둥근 똥을 굴리는 모습을 보면서 하늘을 가로지르는 태양의 여정을 떠올렸다. 이 벌레는 떠오르는 태양의 신 케프리를 상징하는 '신성한 풍뎅이'가 되었다. 이 곤충신은 딱정벌레 형상을 하거나 딱정벌레의 머리를 가진 사람의 모습으로 묘사된다.

이집트인들은 봄의 범람 이후 진흙 범벅인 나일강 강둑에서 진왕소똥구리가 가장 먼저 모습을 드러내는 것을 보았다. 늙은 쇠똥구리가 똥을 묻고 몇 주 후면 어린 쇠똥구리가 땅에서 기어 나온다. 이걸 보고 부활과 환생을 신성한 풍뎅이와 연관짓는 건 비약이 아니다. 살아 있는 자들은 풍뎅이 부적을 사용했고 미라를 감싸는 붕대에도 흔히 부착했다.

어쩌면 이집트인들이 쇠똥구리를 보고 처음으로 미라를 만들 생각을 떠올렸을지도 모른다. 쇠똥구리의 번데기가 어떻게 생겼는가? 미라가 아니면 무엇을 닮았단 말인가? 심지어—다소 장난기를 섞어—피라미드가 똥 무더기를 신성하게 표현한 것이라는 가설도 있다. 죽은 파라오는 미라화한 번데기처럼 똥 속에 누워 환생의 변태를 기다린다.

똥은 여러모로 유용하다. 지금도 많은 문화권에서 말린 똥을 연료나 건축 재료로 쓴다. 곤충 세계에서도 배설물을 창조적으로 사용한 예를 볼 수 있다. 예를 들어 똥으로 만든 가발은 어떨까? 팔메토남생이잎벌레*Hemisphaerota cyanea*는 플로리다와 인근 주의 난쟁이 야자수에 산다. 유충이 야자수 잎을 먹고 나면 반대쪽 끝에서 연노란색의 아름다운 레게머리 같은 똥이 나온다. 유충은 이 실똥을 등쪽으로 둥글게 가지런히 배열해 가발을 만든다. 가발의 용도는 당연히 자기방어다. 아무리 배가 고픈 포식자라도 털 뭉치를 입에 넣고 싶지는 않을 테니까.

여러 잎벌레 유충이 비슷한 기술을 사용하지만 털을 만드는 대신 직접 적을 겁주고 위협한다. 연한 초록색의 박하남생이잎벌레*Cassida viridis*는 유럽에서 흔한 벌레인데, 유충은 오래된 껍질과 검은 똥으로 지붕 또는 우산을 만든 다음, 항문을 우산대로 삼아 들고 있다가 적이 가까이 오면 똥 우산을 휘두른다. 여기에는 섭취한 잎에서 생산한 독성 물질이 들어 있다.

통입벌레아과*Cryptocephalinae*의 통입벌레는 한술 더 뜬다. 통입벌레 아이들은 똥으로 만든 이동식 주택을 몸에 장착한다. 엄마가 자기 배설물로 직접 빚은 아름다운 통에 알을 낳으면, 유충이 부화해 문을 열고 머리와 다리만 빠져나온 상태로 어디든 끌고 다닌다. 유충은 자신이 눈 똥을 이 이동식 주택에 덧붙여 집의 크기를 몸에 맞게 유지한다. 번데기가 될 시간이 되면 통 안으로 들어가 뒤에서 문을 닫고, 성충이 될 때까지 편안하고 안전하게 누워서 지낸다. 그리고 모든 과정이 처음부터 다시 시작된다.

━━━━ 생가죽의 온전한 생태계 ━━━━

어떤 사람들은 나무늘보를 귀엽다고 생각한다. 디즈니 애니메이션 〈주토피아〉에서 믿기지 않을 만큼 느리지만 미소를 잃지 않는 점원으로 등장하는 바로 그 나무늘보다. 나는 실제로 야생에서 딱 한 번 나무늘보를 가까이에서 봤는데, 솔직히 하나도 귀엽지 않았다.

니카라과의 어느 마을 변두리에서였다. 나는 맨땅이 드러난 반쯤 개방된 숲 지대에서 휴한지를 뒤로하고 앉아 있었다. 하늘에선 비가 쏟아지고 있었다. 나는 뒤쪽에서 소리가 나길래 자연스레 숲을 향해 몸을 돌렸고, 그때까지 본 생명체 중 가장 기이한 것과 눈이 마주쳤다. 그것은 바로 몇 미터 앞에서 나를 향해 천천히, 천천히 다가오고 있었다. 벌써 30년 전 일이지만, 당시 마음속으로 '하느님, 맙소사. 이런 돌연변이가 있다니!'라고 외쳤던 기억이 또렷하다.

생물학 학위를 받고 몇 년이 지나서야 이것은 정말로 보기 드문 광경이었음을 알게 되었다. 나무늘보는 나무에서만 생활하고 땅에서는 최소한의 시간만 보내는 특이한 포유류다. 그러나 희한하게도 일주일에 한 번씩 볼일을 보러 땅에 내려온다. 땅에 내려오면 죽은 척하는 경향이 있는데, 몸이 너무 느리고 자기방어를 거의 하지 못하기 때문이다.

얼굴에 미소가 고정된, 조금은 위협적이었던 이 생물의 앞발가락 수를 세봐야겠다는 생각이 그때는 미처 들지 않았던 것 같다. 이제 나는 나무늘보가 발가락이 둘인 두발가락나무늘보와 셋인 세발가락나무늘보로 나뉘고 이들은 서로 매우 다르다는 것을 안다. 여기에서 이야기할 나무늘보는 세발가락나무늘보다.

이제 와서 하는 말이지만, 그때 그 나무늘보에게 다가가 갈녹색 털에서 나방을 찾아볼 생각을 하지 못한 게 너무 후회된다. 최근에 과학자들은 나무늘보의 털가죽이 하나의 완전한 생태계를 이룬다는 사실을 알아냈다. 왜 나무늘보는 굳이 위험을 무릅쓰고 나무 꼭대기가 아니라 땅에서 변을 보는 걸까? 이 등반으로 하루 섭취 열량의 8퍼센트가 소모될뿐더러 천적에 의해 잡아먹히기 쉬워지는데 말이다. 자기가 사는 나무에 퇴비를 주려는 것일까? 아니면 화장실에서 다른 나무늘보와 소통하려는 것일까?

그렇지 않다. 세발가락나무늘보의 털가죽에는 나무늘보나방sloth moth이라는 곤충이 사는데, 나무늘보가 큰일을 볼 때 털에서 나와 똥에 알을 낳는다. 알이 부화하면 나방의 유충은 그곳에서 행복하게 살면서 성충 나방이 되어 나무늘보가 다음번에 속을 비우러 내려올 때까지 기다렸다가 안전하고 따뜻한 나무늘보 가죽으로 이사한다.

이제부터 진짜 재밌는 일이 시작된다. 나무늘보가 오로지 나방에게 호의를 베풀기 위해 목숨을 걸고 힘들게 나무 아래로 내려올 리는 없다. 이 일은 나무늘보에게도 약간의 이익을 주는 것으로 밝혀졌다.

이 나방은 나무늘보의 털가죽에 살면서 배설도 하고, 죽으면 분해되어 양분을 남긴다. 그런데 이것이 나무늘보 털에서(만) 자라는 녹조류의 생활 환경을 개선한다. 나무늘보는 털을 핥아 녹조류를 먹는다. 녹조류는 나무늘보에게 큰 혜택을 준다. 나무늘보가 단조로운 채식성 식단에서 얻을 수 없는 중요한 영양소를 제공하고, 동시에 위장복의 기능도 한다.

정리하면, 나방은 녹조류에게 좋고, 녹조류는 나무늘보에게 좋고, 나무늘보는 나방에게 좋다. 한 동물의 털가죽에 형성된 하나의 작은 생태계다.

*   *   *

신선한 똥을 찾아다니느라 평생을 보내는 대신 식량원 가까이에 사는 게 현명하다고 판단한 곤충에게 기꺼이 숙주 노릇을 하는 대형 동물은 더 있다. 캥거루와 그 밖의 털 달린 유인원 형제 중에는 딱정벌레가 아예 엉덩이 주변 털가죽에 보금자리를 마련하는 경우가 있다. 엉덩이에 털이 없다는 게 얼마나 행복한 일인지 아마 털 없는 엉덩이를 가진 우리는 모를 것이다.

● ──── **쓸모없는 똥 밭** ──── ●

1788년 오스트레일리아 땅에 소가 처음으로 네 발을 디뎠다. 소와 함께 닭 87마리, 양 27마리, 꿩 18마리 등을 데리고 1480명의 남자와 여자, 아이들이 도착했다. 이들은 대부분 재소자였다. 원주민들에게는 4만 년간의 고립이 끝나는 순간이었다. 8500만~4000만 년 전, 오스트레일리아 대륙이 남극에서 떨어져 나가면서 격리되었던 동물과 식물들은 말할 것도 없다. 그 결과 이 대륙에는 지구상의 어디에도 존재하지 않는 종들이 가득하다. 오스트레일리아에 사는 포유류 84퍼센트와 식물 86퍼센트가 고유종이다.

최초의 유럽 함대를 따라온 암소 네 마리와 수소 두 마리는 교배를 통해 선별되었다. 이 소는 남아프리카 케이프타운에서 온 혹소(제부zebu)로 더운 날씨에 익숙했다. 에드워드 코벳이라는 한 재소자가 목동 일을 맡아 소들이 절대로 시야에서 벗어나지 못하게 하라는 엄한 지시를 받았다. 그러나 불과 몇 개월 후 소들은 목동이 저녁을 먹는 사이에 사라졌다.

소들이 행방불명된 일은 정착민에게 재앙이었다. 이 여섯 마리의 소는 교배, 우유, 식량을 위해 데려왔기 때문이다. 정착민들은 오스트레일리아 땅에서 달리 먹을 만한 낯익은 식물을 찾을 수 없었다. 밭에 심을 곡식은 가져왔지만 죄수 대부분이 농사 경험은 둘째 치고 농사일을 배울 의지조차 없었다. 심지어 이들은 낚시에도 서툴렀다. 배급을 엄격히 조절했지만 저장된 식량은 빠르게 소진되었다. 그래서 몇 년 후에 소들이 큰 무리가 되어 다시 나타났을 때 사람들은 매우 기뻐했다. 소 떼는 오스트레일리아의 넓은 풀밭에서 마음껏 돌아다니며 살았다.

그러나 100~200년 후 기쁨은 절망으로 바뀌었다. 소들이 하는 일이 무엇인가? 종일 먹고, 되새김질하고, 트림하고, 똥을 눈다. 그것도 규모가 남다르다. 소 한 마리가 1년에 9톤의 똥을 눈다. 여기서 9톤은 건량이다. 소 한 마리의 똥이 매년 테니스장 다섯 개 분량의 면적을 채운다. 소가 많아지면 똥으로 뒤덮이는 땅도 늘어난다.

1900년 즈음에 오스트레일리아에는 소가 100만 마리가 넘었다. 그러나 누가 그 많은 똥을 치울 것인가? 이제부터 본격적인 이야기가 시작된다. 오스트레일리아에는 소똥을 분해할 딱정벌렛과 곤충이 없었다. 물론 자생하는 딱정벌레가 있었지만, 이들은 수백만 년 동안 마르고 단단한 유대류의 똥을 먹고 살았기 때문에 혹소의 곤죽 같은 배설물로 만든 외국 요리에는 관심이 없었다. 그러므로 똥은 땅에 떨어져 풀이 뚫고 자랄 수도 없는 딱딱한 껍질이 되었다. 문제의 심각성이 최고조에 달했을 무렵, 1년에 최대 2000제곱킬로미터의 초지가 못 쓰게 되었다. 최초의 소가 도착한 지 약 200년 후인 1960년에는

6장 삶과 죽음의 윤회
: 관리자 곤충

땅의 대부분이 놀았다. 똥이 썩지 않아서였다.

그나마 똥을 다룰 수 있는 것은 파리뿐인데, 별로 도움이 되지 않았다. 오스트레일리아에도 (집 외에도 어디에나 산다는 점을 제외하면) 유럽의 집파리를 닮은 파리가 있어서 똥이 널린 곳이면 어디나 쫓아다녔다. 이 골칫덩어리 파리는 사람과 가축을 괴롭히는 다른 파리들처럼 엄청나게 번식하면서, 더는 방목에 적합하지 않은 대규모 휴한지 문제에 골치 아픈 요소를 추가했다.

제 역할을 수행할 새로운 딱정벌레를 영입해야 했다. 정부와 축산업계의 후원을 받아 대형 프로젝트가 시작되었다. 15년에 걸쳐 오스트레일리아 곤충학자들은 수많은 종을 실험하고 신중한 시험을 거쳐 총 43종, 170만 마리의 쇠똥구리를 문제의 지역에 풀어놓았다.

프로젝트는 성공이었다. 종의 절반 이상이 자리를 잡았다. 똥이 사라지고 파리 떼는 눈에 띄게 줄어들었다. 전에는 소똥에서 불과 15퍼센트의 질소만이 토양으로 되돌아갔지만, 딱정벌레가 관리를 시작한 이후로 수치는 75퍼센트로 증가했다. 이 사례는 곤충의 분해가 자연과 인간에게 얼마나 중요한지 단적으로 보여준다.

* * *

그 중요성에도 불구하고 쇠똥구리의 상황은 별로 좋지 않다. 세계적으로 15퍼센트의 쇠똥구리들이 위협받고 있다. 노르웨이에서는

세상에 나쁜 곤충은 없다

똥에 사는 대략 70종류의 딱정벌레 중 절반 이상이 멸종 위협 또는 준위협 상태이며, 13종은 이미 사라졌다. 노르웨이 쇠똥구리는 특히 남쪽에서 어려움을 겪고 있다. 이 지역은 신선한 소똥, 특히 따뜻한 여름 태양 아래 모래나 비료를 뿌리지 않은 목초지의 똥을 원하는 종들의 서식처였다. 쇠똥구리가 자취를 감추는 원인은 대개 농경 방식이 변화했기 때문이다. 경작되지 않은 목초지는 풀이 지나치게 자라고, 가축들이 끊임없이 풀을 뜯어 먹지도 않는다.

또 다른 문제는 세계적으로 널리 보급된 구충제 이버멕틴이다. 소를 비롯한 가축들에게 이버멕틴을 먹이면 똥으로 많은 양이 배출된 후, 뒤처리를 하기 위해 온 쇠똥구리들에게 해를 끼친다. 이는 종 다양성과 분해 속도에 좋지 못한 영향을 미칠 것이다. 쇠똥구리에게 미치는 나쁜 효과를 줄이기 위해 약물을 주사로 투여해 똥으로 배출되는 잔류 약물을 줄이고, 기생충 감염이 심한 동물에게만 약을 주입하도록 권고된다. 약물 사용을 제한하면 이버멕틴에 대한 기생충의 내성이 확산되는 걸 늦출 수 있다.

———— 구멍 뚫린 참나무에 관한 연구 ————

구멍 난 참나무 속 생명들도 사는 게 힘들긴 마찬가지다. 우리 팀의 연구에 따르면 구멍 난 참나무에 적응해 사는 곤충들도 고군분투하고 있다. 우리는 몇몇 참나무 안에서도 극소수의 장소에만 사는 특정 곤충들을 자주 발견했다. 이 특별한 종들에게는 태양에 노출되고 나무 곰팡이가 많은 거친 나무들이 있는 지역이 필요하지만, 그런 참나무는 별로 없다.

동료 과학자, 보조 연구원 들과 나는 10년 넘게 속이 빈 참나무에 사는 곤충의 삶을 연구해왔다. 우리는 지금까지 구멍 난 참나무에서 1400가지 고유종, 18만 5000마리의 딱정벌레를 찾았다. 이 중 일부는 전적으로 참나무 또는 속이 빈 나무, 특히 참나무에서만 사는 전문가들이다. 이 종들 중 약 100종이 노르웨이에서 멸종 위기에 처했다.

현재 노르웨이에서 속이 빈 참나무는 풍부한 종 다양성 때문에 '선별된 서식지 유형'에 지정되어 특별한 법적 지위를 누리고 있다. 이는 우리가 이 나무들을 특별히 보호하고 해를 입히지 않도록 각별히 신경 써야 한다는 뜻이다. 나는 속이 빈 참나무 전국 모니터링 프로그램에 관여한다. 이 프로그램의 목적은 나무의 현 상태를 파악하고 알리는 것이다. 이 프로그램이 그 나무에 사는 고유한 곤충들의 모니터링으로까지 이어지기를 바란다.

이 생물 다양성의 요새를 보호하려면, 남아 있는 크고 속 빈 참나무를 보호해야 한다. 우리 연구 팀에 따르면 수백 년 전에 집중적으로 시행된 참나무 벌목의 흔적이 오늘날까지도 속이 빈 참나무에서 딱정벌레 다양성에 영향을 미친다. 이것은 '멸종 부채extinction debt'라는 일종의 지연 반응으로, 종들이 특정 지역의 서식처가 파괴된 이후에도 한동안 그곳에 머무르지만 결국엔 죽어서 유령이 될 수밖에 없는 현상을 말한다.

또한 개방된 경관에서 자라는 참나무 주변으로 풀이 너무 많이 자라지 않게 할 필요가 있다. 특화된 곤충 대부분은 태양이 나무를 비춰 아늑하고 따뜻한 환경을 조성할 때 가장 잘 산다. 그리고 장기적인 관점에서, 고령의 속 빈 참나무들이 죽기 전에, 구멍이 잘 생길 만한 새로운 참나무를 마련해놓을 필요도 있다.

도로 확장이나 새 테라스 블록 설치 등 개발 명목으로 속 빈 참나무를 베어내는 일은 잠깐이면 끝난다. 흑사병 시대에 싹을 틔우고 르네상스와 산업혁명을 목격한 거인이 전기톱질 5분이면 땅에 쓰러진다. 그러나 이 나무를 같은 흉고를 가진 새로운 참나무로 대체하려면 700년이 걸린다. 그동안 곤충들은 어디에서 살라는 말인가?

7장

비단에서 셸락까지

: 곤충 산업

인류 역사를 통틀어 곤충은 매우 중요한 생산품을 다양하게 제공해왔으며, 그중 많은 것이 오늘날까지 중요하게 쓰인다. 꿀이나 비단 등은 잘 알려져 있고, 딸기잼의 빨간 색소나 사과의 광택제 등 곤충에서 왔을 거라고는 생각해보거나 들어본 적도 없을 것들도 있다.

곤충을 이야기할 때면 언제나 엄청난 숫자를 언급하게 된다. 지구상에 존재하는 15억 마리의 소조차 곤충 가축을 합친 수와 비교하면 무색해진다. 유엔 식량농업기구가 추산한 통계에 따르면, 830억 마리의 꿀벌이 전 세계에서 서비스를 제공하며 날아다니고, 매년 1000억을 웃도는 누에가 목숨을 바쳐 비단을 만든다.

5장(119쪽 참조)에서 이야기했듯이, 꿀벌은 당연히 벌꿀을 만들지만 그 외에 밀랍도 만든다. 밀랍은 꿀벌 뱃속의 특별한 분비샘에서 생산되는 부드러운 재료로 벌집의 아기방과 꿀 저장고를 지을 때 쓰인다. 인간도 밀랍을 여러 용도로 사용한다. 심지어 밀랍은 신화에서도 중요한 역할을 했다.

그리스 신화에서 다이달로스와 그의 아들 이카로스는 다이달로스가 깃털과 밀랍으로 만든 날개를 달고 크레타섬에서 도망친다. 다이달로스는 출발 전에 아들에게 안이와 자만이 가져올 위험을 경고한다. 열심히 날갯짓을 하지 않아 비행 고도가 너무 낮으면 거친 파도에 날개가 부서질 것이며, 반대로 자만심에 넘쳐 한계를 모르고 높이 날면 날개를 붙인 밀랍이 태양에 녹을 거라고. 이 시점에 심리학자라면 아버지가 아들에게 참사로 직행하는 길을 제시하는 대신 '해야 할' 일을 명확히 알려줬어야 했다고 말할지도 모르겠다. 어쨌든 예나 지금이나 젊은이들은 부모의 말을 귀 담아 듣지 않는 듯하다. 이카로스는 태양에 너무 가까이 올라간 나머지, 결국 밀랍이 녹아서 바다로 추락했다. 그러나 적어도 그는 자신의 이름을 딴 바다(에게해의 일부인 이카리아해)와 섬(이카리아)을 남겼다.

오늘날에는 밀랍으로 날개가 아닌 양초나 화장품을 만든다. 가톨릭교회는 전통적으로 밀랍의 주요 소비처인데, 미사에 사용하는 초를 밀랍으로 만들기 때문이다. 초의 몸통은 예수의 몸을, 가운데의 심지는 예수의 영혼을 상징한다. 양초에 불을 붙이면 불꽃이 일어 우리에게 빛을 주지만, 양초 자신은 예수가 인류를 위해 희생했듯 자신을 태워 없앤다. 따라서 교회에서는 가장 순도 높은 밀랍만을 사용해 초를 만들었고, 그런 면에서 꿀벌이 귀하게 여겨졌다. 또한 꿀벌의 짝짓기를 본 사람이 아무도 없었으므로 오랫동안 꿀벌은 금욕 생활을 하는 동정녀로 생각되었다. 1700년대에 그 오해가 풀렸으나(66쪽 참조), 오늘날에도 미사에 사용하는 초에는 밀랍이 최소한 51퍼센트는 들어간다.

밀랍은 크림과 로션, 립밤과 콧수염 왁스 등에 흔히 사용된다. 또한 벌꿀 자체도 화장품의 중요한 성분이다. 인터넷에서 제조법을 찾아 수제 꿀 마스크 팩을 자주 만들어 쓰는 사람이라면 다음에 나오는 이야기가 반가울 것이다. 로마 황제 네로의 아내였던 포파이아도—당시에는 최고급 프랑스 화장품 회사의 온라인 아울렛에서 물건을 주문할 수 없었으므로—꿀에 당나귀의 젖을 섞어 자신만의 마스크 팩을 만들었다. 이런 팩이라면 입에 조금 들어가도 상관없다. 실제로 식물성 기름과 밀랍을 섞으면 훌륭한 립밤이 된다.

밀랍은 또한 오렌지, 사과, 멜론의 보관을 돕고, 먹음직스럽게 광을 내는 데 쓰인다. 이 친숙한 식품 첨가제 E901은 과일, 견과류, 심지어 식품 보조 알약(셀락처럼, 191쪽 참조) 표면에 쓰인다. 오늘날에는 벌통에서 추출한 밀랍 중 상당량이 다시 벌통의 새로운 골격을 만드는 데 쓰인다. 마땅한 감사의 표시다.

●————— 공주님의 비단옷 —————●

비단은 아름답게 찰랑거리고, 질기면서도 가볍고, 피부에 닿으면 시원하고, 특유의 광택이 난다. 그래서 비단은 예로부터 특권층을 위한 고가의 옷감으로 사용됐다. 누에나방*Bombyx mori* 유충인 누에에서 생산되는 견사는 오랫동안 중국 황제와 그 인척들만 사용할 수 있었다.

비단의 역사는 『아라비안 나이트』에나 나올 법한 이야기와 비슷하다. 이국적이면서 잔인하고, 사실과 허구를 구분하기 어렵다. 강인한 두 여성이 이 전설의 주인공이다. 기원전 2600년, 중국 황제의 부인 서릉씨가 황궁의 정원 뽕나무 아래 앉아 차를 마시고 있었는데, 누에고치 하나가 떨어져 찻잔에 들어갔다. 서릉씨는 이를 건져냈으나 찻물의 열기 때문에 고치가 녹아 정원 전체를 덮고도 남을 아름답고 긴 실로 변했다. 고치 속에는 작은 애벌레가 있었다. 서릉씨는 이 고치의 잠재력을 알아보고 황제의 허락을 받아 뽕나무를 심고 누에를 길렀다. 그녀는 궁녀에게 생사를 튼튼한 실로 자아 옷감 짜는 법을 가르쳤는데, 이것이 중국 비단 생산의 근간이 되었다.

비단 생산은 중국에서 수천 년 동안 중요한 문화·경제적 요인이었다. 중국은 여전히 세계에서 가장 큰 비단 생산국이고, 오늘날에도 누에고치를 뜨거운 물속에 넣어 유충을 죽이고 가는 견사를 뽑아낸다.

로마인들 역시 비단을 몹시 좋아했지만 중국이 비단의 비밀을 철저하게 유지했으므로 마침내 중국과 지중해 국가들 사이에 실크로드라는 무역로가 열렸을 때 비단은 가장 중요한 상품이 되었다. 그러나 어떤 이들은 투명한 것이나 다름없는 이 새로운 옷감을 부도덕하다고 비난했다. 몸매를 드러내는 비단 드레스가 불륜에 대한 초대나 마찬가지라고 주장하는 사람도 있었다.

당시 사람들이 진정으로 부도덕하다고 생각한 것은 천 자체가 아니라 비단값으로 로마 제국을 떠나는 금의 양이었을 것이다. 비단 생산 독점은 중국에 어마어마한 수입을 가져다주었다. 당연히 중국은 비단의 비밀이 새어 나가지 않도록 누에 유충이나 알을 밀반출하려는 시도를 죽음으로 다스렸다.

하지만 비밀은 끝내 유출되었다. 이와 관련된 수많은 전설을 믿는다면 여기서도 여성이 중요한 역할을 했다. 한 중국 공주가 실크로드를 따라 중국 서쪽에 있는 불교 국가 호탄(지금의 중국 신장웨이우얼 자치구의 도시 허톈─옮긴이)의 왕자와 혼인했는데, 중국을 떠날 때 누에알과 뽕나무 씨앗을 머리 장식에 몰래 숨겨 빼돌렸다. 이렇게 마침내 비밀이 밝혀지고 독점이 깨지면서 많은 나라에서 비단을 생산하기 시작했다. 오늘날에는 해마다 20만 톤 이상의 비단이 생산되어 의복, 자전거 바퀴, 수술용 봉합사에 쓰인다. 몇몇 다른 근연종을 사용하기도 하지만, 주요 생산자는 여전히 누에다.

●────── 실에 매달리다 ──────●

누에만 실을 잣는 것은 아니다. 이 기술은 곤충이 진화하는 동안 20번 이상은 나타났을 것이다. 예를 들어 풀잠자리는 알을 낳은 다음 실을 뽑아 만든 줄기 끝에 면봉 모양으로 알을 꽂아둔다. 이렇게 하는 목적은 개미를 비롯한 굶주린 영혼이 감히 알에 손대지 못하게 하는 것이다. 날도래 유충은 개울에 생사로 만든 그물을 치고 저녁 거리로 작은 생물을 잡는다. 곰팡이각다귀fungus gnat 유충은 균류 아래에 그물을 치고 포자를 모으거나 작은 곤충을 잡으며, 개중 일부는 청록색 빛을 낸다. 뉴질랜드 동굴 속에서 빛을 발산해 먹잇감을 그물로 꾀어내는 곰팡이각다귀 유충과 달리, 유럽의 케로플라투스속Keroplatus 종들은 균류의 포자에서 단백질을 얻는 데 만족하기 때문에 특별히 전등이 될 이유가 없다.

어떤 춤파리dance fly종의 수컷은 직접 실을 뽑아 암컷에게 기분 좋게 선사할 '결혼 선물'을 포장한다. 수컷 자신은 육식을 하지 않고 꿀로 연명하는 평화주의자이지만, 욕심 많고 단백질에 열광하는 애인을 위해서라면 무엇이든 한다. 그래서 곤충, 특히 다른 수컷을 함정

세상에 나쁜 곤충은 없다

에 빠뜨린 다음 앞발의 특별한 분비샘에서 생산한 실로 아름답게 포장해 암컷에게 바친다(경쟁자를 제거해 경쟁을 줄이는 일석이조의 효과를 발휘한다). 선물을 들고 있는 구혼자(심지어 자신까지 포장하는 노고를 아끼지 않는다)의 모습이 멋있어 보일지 몰라도 현실은 별로 로맨틱하지 않다. 언제나 그렇듯이 이러한 행동 뒤에는 진화의 보이지 않는 손이 작용한다. 선물이 크고 포장이 꼼꼼할수록 수컷이 교미하는 시간이 길어져 결과적으로 더 많은 정자를 전달하고 유전자를 물려줄 기회가 많아진다는 가설이 있다. 알을 낳는 데는 에너지가 많이 필요하므로 암컷 입장에서는 단백질을 넉넉히 선사받는 것은 즐거운 일이다.

하지만 노력 없이 잇속만 챙기려는 못된 사기꾼들은 어디나 있기 마련이다. 어떤 수컷은 암컷에게 아무것도 들어 있지 않은 빈 선물을 준다. 그리고 상대가 속았다는 걸 깨닫기 전에 재빨리 짝짓기를 끝낸다.

●————— 기적의 실: 거미줄 —————●

거미는 곤충이 아니라 거미류지만 거미를 빼놓고 곤충의 실을 논했다고 볼 수는 없다. 거미류arachnid(아라크니드)라는 이름은 그리스 신화에서 왔다. 아라크네라는 솜씨 좋은 방직공이 전쟁과 지혜의 여신 아테나보다 베를 더 잘 짠다며 무모하게 도전했다가 자만한 대가로 거미로 변했다. 그리고 오늘날 4만 5000종이 넘는 거미들의 선조가 되었다. 거미줄은 집을 만들어 먹이를 잡는 데만 쓰이지 않는다. 거미줄은 거미들이 자신의 먼 친척인 곤충을 보며 유일하게 부러워하는 날개에 대한 일종의 보상이다. 아주 작은 거미라도 바람이 잘 부는 곳으로 올라가 긴 거미줄을 뽑아내고 바람을 잘 타면 날개가 없이도 하늘에 떠 있는 연처럼 멀리 날 수 있다.

거미줄은 품질이 매우 좋다. 무게당 강도로 따지면 강철보다 6배나 튼튼하며 탄력도 뛰어나다. 그래서 묵직한 파리도 실수로 거미줄에 걸려들면 쉽게 빠져나오지 못한다. 거미집은 전투기가 항공모함에 착륙하는 것을 돕는 어레스팅 케이블 같아서 거미줄로 만든 얇은 천으로 날아가는 발사체도 멈출 수 있다. 이 특성을 이용해 초경량 방탄조끼, 충격 흡수 헬멧, 새로운 유형의 자동차 에어백을 만들 수 있다. 많은 양의 거미줄을 얻을 수만 있다면 말이다.

실험에 의하면 거미 한 마리에서 100미터 정도의 거미줄을 얻을 수 있지만, 문제는 규모를 늘리는 것이다. 누워서 실컷 뽕잎이나 먹고 실 잣는 일만 생각하는 통통한 누에와 달리 거미는 눈 하나 깜짝 안 하고 동족을 잡아먹는 포식자다. 그러니 거미줄을 대량 생산하기 위해 거미를 사육하기는 쉽지 않을 것이다.

　　　　*　　*　　*

　2012년, 마다가스카르의 황금무당거미golden orb spider에서 뽑아낸 거미줄로 만든 아름다운 황금 드레스가 런던 빅토리아 앨버트 박물관에 전시되자 방문객 수가 기록을 경신했다. 놀랍지 않은 것이, 이 옷은 제작에만 4년이 걸린 실로 경이로운 작품이다. 아침마다 80명의 노동자가 거미를 모아 작은 수동 기계에 올려놓고 마치 젖소에서 우유를 짜듯 거미줄을 뽑아낸 다음 밤이면 풀어주었다. 이 옷을 만드는 데 총 120만 마리의 거미가 동원되었다.

　이런 식으로는 분명 산업적인 생산 규모를 유지할 수 없으므로, 사람들은 다른 방법을 생각해내기 시작했다. 2002년에 최초의 '거미 염소'가 태어났다. 과학자들은 유전공학 기술로 거미의 '실 잣는 유전자'를 염소에 삽입했고, 염소는 거미줄 단백질이 들어 있는 젖을 만들기 시작했다. 이 일은 언론의 관심을 불러 모았으나 아직 명확한 결과를 내지는 못했다. 노르웨이의 이웃 국가들도 합성 거미줄 경쟁에 뛰어들었다. 스웨덴은 최근 세균이 생산한 수용성 단백질로 섬유 1킬로그램을 생산했다고 발표했다. 이 단백질 용액은 화학 조건이 변하면 굳어서 거미줄이 되는데, 바로 거미의 방적돌기 입구에서 일어나는 현상과 똑같다.

　상업적 제품을 생산하기까지는 아직 멀었지만, 그리 조급해할 일은 아니다. 거미들도 완벽한 거미줄을 만드는 데 4억 년이나 걸렸다.

　월리엄 셰익스피어의 희곡, 루트비히 판 베토벤의 교향곡, 칼 린네의 꽃 스케치, 갈릴레오 갈릴레이의 태양과 달 그림. 아이슬란드 시인 스노리 스투를루손의 북유럽 신화 모음집, 미국 독립선언문. 이 것들의 공통점은 무엇일까? 모두 철-오배자iron gall 잉크로 쓰였다는 점이다. 철-오배자 잉크는 보랏빛이 도는 검은색 잉크로 어리상수 리혹벌 덕분에 만들어진다. 이 작디작은 생물은 풀과 나무에 기생하 는데, 특히 참나무에서 가장 흔히 발견된다. 어리상수리혹벌은 식물 을 자극해 혹을 키우는 화학물질을 분비하게 한다. 이 혹은 한 마리 또는 여러 마리의 유충에게 집과 식품 창고를 제공한다.

　벌레혹(충영)에는 여러 가지가 있지만, 그중 잉크에 흔히 사용되 는 것은 참나무 충영으로 참나무사과라고도 한다. 이 혹은 완벽한 구 형에 붉은 얼룩이 있어 참나무 잎에 붙어 있다는 것만 제외하면 정말 작은 사과처럼 생겼다. 안에는 혹벌의 유충이 들어앉아 적에게 위협 받지 않고 조용하고 편안하게 식물 조직을 뜯어 먹는다. 그렇지만 이 평화도 완벽하지는 않다. 기생충에 기생하는 기생충도 있기 때문이 다. 초대받지 않은 식사에 나타나 돌아갈 생각을 하지 않는 환영받지 못한 이 손님은, 스스로 혹을 만들지 못해 다른 벌이 만든 혹에 들어 가 산다. 긴 산란관을 벌레혹에 찔러 넣어 그곳에 사는 혹벌 유충에 알을 낳는 침입자도 있다. 이렇게 되면 벌레혹에서 깨어나는 곤충은 혹을 만든 당사자는 아닐 것이다.

참나무 벌레혹의 벽은 타닌산으로 이루어져 뻣뻣하다. 타닌산은 많은 풀과 나무에서 자연적으로 만들어지는데, 가죽 재킷이나 고급 적포도주와도 밀접한 물질이다. 타닌산은 가죽의 무두질에 매우 중요하고, 전문 포도주 감정가는 포도주 속 타닌의 맛으로 포도 품종과 보관법을 감별한다.

최초의 잉크는 수천 년 전에 중국에서 만들었는데, 등불을 태운 그을음에서 나온 탄소를 사용했다. 이 그을음에 물과 아라비아고무를 섞으면 잉크가 된다. 아라비아고무는 아카시아에서 추출하는데, 그을음이 용액 속에 떠 있도록 유지시킨다. 혹시 운이 나빠 글씨 위에 차라도 흘린다면, 그 글은 영원히 사라질 것이다. 탄소 잉크는 물에 녹고 쉽게 씻겨 내려가기 때문이다. 그래서 과거에 사람들은 종이가 부족하면 잉크를 씻어내고 다시 쓰기도 했다.

이후 사람들은 참나무 벌레혹에 철염과 아라비아고무를 섞어서 잉크를 만들었다. 새로운 잉크의 장점은 용해되지 않는다는 점이었다. 양피지나 종이에 스며들 뿐 아니라 덩어리가 지지 않고 만들기도 쉬웠다. 1100~1800년대까지 참나무 잉크는 서양에서 가장 흔히 쓰였다.

작은 참나무혹벌이 아니었다면 우리는 중세 및 르네상스 시대의 위대한 예술가와 과학자들의 작품과 문서를 보존하지 못했을 것이다. 계속해서 그을음으로 만든 잉크를 썼다면 열악한 보관 환경과 양피지를 재사용할 필요 때문에 수많은 고대의 사상, 음악, 글이 모두 씻겨 내려갔을 테니 말이다.

● ───── 카민의 붉은색: 스페인의 자부심 ───── ●

곤충은 우리에게 참나무 벌레혹의 흑갈색 외에 다른 색도 선사한다. 곤충이 제공하는 아름답고 짙은 선홍색은 몇백 년 동안 스페인 식민지에서 독점적으로 생산되었고 오늘날에도 음식과 화장품에 사용된다.

이 붉은 카민(코치닐) 염료는 깍지진디 *Dactylopius coccus*의 암컷에서 얻는다. 깍지진디는 코치닐 벌레라고도 하는 손톱 크기의 특이한 생물이다. 남아메리카와 중앙아메리카에서 자생하는데, 암컷은 한곳에서 평생을 보내며, 날개가 없고, 부채선인장(백년초)의 보호막 밑에 단단히 붙어 있다.

유럽인들이 도착하기 전에 아즈텍인들과 마야인들도 이 염료를 알고 있었고, 벌레를 교배하여 더 강렬한 붉은색을 생산하는 품종을 만들었다. 카민은 강렬하고 진한 붉은색을 내며 햇빛을 오래 쬐어도 색이 바래지 않는다. 중세 후기 유럽에서 말린 코치닐 벌레는 생산하기 어렵고 비쌌기 때문에, 스페인 식민지에서 은에 맞먹는 중요한 상품이 되었다. 영국군은 유명한 '붉은 군복'을 카민으로 염색했고,

렘브란트는 자신의 그림에 이 색을 사용했다.

말린 곤충은 작고 다리가 없다. 게다가 당시는 현미경이 없었으므로 유럽인들은 오랫동안 카민분이 동물성인지, 식물성인지, 광물성인지 알 수 없었다. 스페인 사람들은 카민을 독점하여 이 작은 곤충이 창출하는 엄청난 수입을 보장하기 위해 거의 200년이나 비밀을 유지했다.

오늘날 카민은 대체로 페루에서 나온다. 식품 첨가제 E120으로서의 카민은 딸기잼, 캄파리(술의 일종), 요거트, 주스, 양념, 빨간색 사탕 등 붉은색을 내는 식품과 음료에 많이 사용된다. 립스틱이나 아이섀도 같은 화장품에도 다양하게 쓰인다.

• ———— 셸락: 바니시에서 틀니까지 ———— •

젤리빈, 레코드판, 바이올린, 사과의 공통점은 무엇일까? 이번에도 정답은 당연히 곤충에서 추출한 물질이라는 점이다. 믿을 수 없을 만큼 다양한 분야에 쓰이지만, 무엇으로 만들었는지 들어본 적 없었을 이 물질은 바로 셸락shellac이다. 그 생산자는 앞에서 카민의 원료로 쓰인 깍지진디의 친척, 바로 랙깍지진디lac bug다. 동남아시아에서 자라는 다양한 수종의 나뭇가지에는 이 작은 벌레들이 우글거린다. 어떤 문헌에서는 랙깍지진디의 이름이 산스크리트어로 10만이라는 뜻의 '라크lakh'에서 유래했으며, 한곳에 엄청나게 많이 모여 있는 이 벌레의 수를 지칭한다고 설명한다(딴 길로 잠깐 새자면, 같은 문헌에 따르면 노르웨이어로 연어를 뜻하는 '라크lak'도 동일한 이유로 어원이 같다. 짝짓기철이 되면 연어들이 떼로 모이기 때문이다).

락깍지진디에는 여러 종이 있지만 가장 흔하고 '생산적인' 종은 케리아 라카Kerria lacca다. 노린재목(53쪽 참조)의 일원인 락깍지진디는 생의 대부분을 식물에 주둥이를 박은 채로 사는 대단히 따분한 존재다. 그러나 이 작은 생명이 우리 인간에게 주는 것이라니! 한 과학 기사는 "락깍지진디는 자연이 인간에게 준 가장 귀한 선물이다"라고까지 썼다.

락깍지진디 양식의 전통은 오래전으로 거슬러 올라간다. 이 곤충은 기원전 1200년 힌두 문서에 언급된 적이 있고, 기원후 77년 가이우스 플리니우스 세쿤두스는 자신의 저서에서 이것을 "인도에서 온 호박"으로 묘사했다. 그러나 유럽인들은 1300년대 말이나 되어서야 이 물질에 눈을 돌렸는데, 처음에는 염료로, 나중에는 방수와 광내기를 위해 나무 표면에 바르는 마감재(바니시)로 사용했다. 이후 아름다운 가구, 목공품, 바이올린이 모두 셸락으로 처리되었다.

그러나 셸락의 적용 분야는 훨씬 넓다. 1800년대 말에서 1940년까지 약 50년 동안 셸락은 레코드판의 주재료였다. 노르웨이인들은 셸락에 돌가루와 면섬유를 섞어 '돌 케이크'라고 불리는 부러지고 깨지기 쉬운 78 레코드판(1분에 78번 회전하는 음반)을 만들었다. 음질은 그저 그랬지만, '말하는 기계'로 불리던 초기 전축은 당시 사람들에게 큰 재미를 주었다. 당시에는 아직 라디오가 흔하지 않았으니까. 세계 최초의 공영 라디오 방송국은 뉴욕에서 1910년에야 방송을 시작했고, 노르웨이에서는 1923년까지 시험 방송도 시작하지 않았다. 그래서 축음기는 오랫동안 거실에 '진짜' 교향악단이나 밴드를 초청할 수 있는 유일한 방법이었다.

1900년대 들어 음반 생산량이 지나치게 많아지자 미국 정부는 걱정하기 시작했다. 셸락은 방위산업에도 중요한 물질이었기 때문이다. 셸락은 폭탄의 기폭 장치, 탄약의 방수 코팅 등 여러 곳에 쓰였다. 1942년, 미국 정부는 음반 업계에 셸락 소비량을 70퍼센트까지 줄이라고 지시했다.

그런데 어떻게 이 작은 곤충이 바니시, 페인트, 광택제, 보석, 섬유 염료, 틀니, 필링, 화장품, 향수, 전기 절연, 밀폐제, 공룡 뼈를 복원하는 데 사용하는 접착제, 그 밖에 식품 및 제약 산업 등의 그토록 많은 분야에 쓰이는 물질을 만들까?

모든 것은 나뭇가지에 자리 잡은 수천 마리의 랙깍지진디 약충에서 시작된다. 이들은 주둥이로 식물의 수액을 들이마신다. 수액은 이들 몸속에서 화학 변화를 거쳐 주황색 레진이 되어 엉덩이에서 나온 다음 공기와 접촉하면 굳는다. 이것이 작고 빛나는 주황색 '옥상'을 형성하는데, 처음에는 한 개체를 덮지만 점차 하나의 거대한 지붕으로 합쳐져 개체군 전체를 보호하고 나뭇가지를 온통 뒤덮는다.

7장 비단에서 셸락까지
: 곤충 산업

약충은 몇 차례 피부를 떨어내고 성충 깍지진디로 우화한 다음, 든든한 지붕 아래에서 짝짓기하고 알을 낳는다. 성충이 죽고 수천 마리의 새로운 약충이 부화하면 레진 지붕을 뚫고 나와 새로운 나뭇가지를 찾아 떠난다.

셸락을 만들려면 가지에 코팅된 레진을 떼어내야 한다. 그리고 벗겨낸 곤충 부스러기를 제거한 다음, 작은 호박색 절편으로 또는 알코올에 녹여서 판매한다.

오늘날 셸락 대부분은 인도에서 생산된다. 좋은 점은 시골의 소규모 농부들이 그 일을 한다는 점이다. 별다른 돈벌이 수단이 없는 300만~400만 명이 락깍지진디를 사육해서 생계를 유지한다고 추정된다. 게다가 이 작은 가축들이 '풀을 뜯는' 지역에서는 종 다양성이 풍부하게 유지되는데, 그 이유 중 하나가 락깍지진디를 보호하기 위해 살충제를 거의 또는 전혀 사용하지 않기 때문이다.

— 칙칙한 사과를 위한 피부 관리 —

마트 판매대에 진열된 윤기 있는 사과를 보면 먹음직스럽지 않은가? 락깍지진디의 피부 관리 클리닉에서 왁스로 광내는 단계를 거쳤으니 당연하다. 사과의 피부 관리 단계는 다음과 같다. 수확한 사과를 씻어 표면의 천연 왁스 코팅을 제거한다. 왁스 칠을 하지 않으면 사과 껍질이 금세 쭈글거리게 되어 팔려는 사람도 없고 사려는 사람은 더욱 없는 먹음직스럽지 못한 상태가 된다. 그래서 사과에 왁스 칠을 해야 하는데, 여기에 셸락이 일종의 주름 방지 크림 역할을 한다.

사람들은 다른 과일과 채소에도 셸락을 처리해 신선도를 유지하고 더 사고 싶게 만든다. 셸락은 감귤류, 멜론, 배, 복숭아, 파인애플, 석류, 망고, 아보카도, 파파야, 견과류에 대한 사용이 승인되었다. 2013년에 노르웨이에서는 달걀에 광을 내는 데 셸락을 사용할 수 있게 되었다. 달걀을 윤기 있고 보기 좋게 하고 유통기한을 늘리려는 목적에서다.

식품 첨가제 E904라는 탈을 쓴 셸락은 젤리빈, 설탕 입힌 초콜릿, 캔디류의 광택제로도 등장한다. 이 광택제는 다음과 같은 이름으로도 사용된다. 라카, 락 레진, 검랙, 캔디 광택제, 제과 제빵용 광택제.

셸락은 헤어스프레이나 매니큐어, 그리고 마스카라의 접착제로 화장품에도 쓰인다. 캡슐 형태의 약으로도 쓰이는데, 캡슐을 반짝거리게 하려는 목적 때문만은 아니다. 셸락은 산에 쉽게 녹지 않으므로 '방출을 지연하는' 장용성 알약에 사용할 수 있다. 장용성 알약이란 장에 도달한 다음에 서서히 녹는 캡슐 약이다.

셸락이 얼마나 의외의 영역에 등장하는지 알고 나면 셸락이 자연이 인간에게 준 가장 귀한 선물이라는 말이 전혀 이상하지 않을 것이다.

8장

구원자, 개척자, 노벨상 수상자

: 곤충에서 영감을 얻은 사람들

벨크로(찍찍이)는 천재적인 발명품으로 운동화나 재킷, 아동 장갑, 스키 용품 등에 널리 사용된다. 벨크로는 한 스위스 기술자가 만들었다. 그는 개를 데리고 사냥을 나갔다 돌아올 때마다 개의 몸에 털 달린 씨앗들이 들러붙는 게 짜증이 났다. 그러나 덕분에 식물의 기발한 종자 산포 기술을 자세히 들여다보게 되었다. 지나가는 동물의 가죽에 들러붙는 작은 고리라. 음, 따라 해보면 어떨까? 그렇게 벨크로가 탄생했다.

기술자와 디자이너들은 점점 자연의 해법에서 영감을 얻고 있다. 자연은 수십억 년에 걸쳐 문제 해결 방식을 다듬어왔고, 진화는 수많은 영리한 구조물과 기능을 만들었다.

곤충은 해결책을 빨리 만들어내는 데 뛰어나다. 워낙 수가 많고 적응에도 능하기 때문이다. 우리는 초파리처럼(200쪽 참조) 곤충을 모델 생물로 이용할 수 있다. 또한 인간이 직접 하지 못하는 일을 하게 할 수 있다. 예를 들어 곤충을 무너진 건물에 들여보내거나 플라스틱을 분해하게 할 수 있다. 곤충은 항생제 재앙의 위기에 새로운 대안을 제시하고, 사람들의 정신건강을 증진한다. 심지어 은하계 여행이 가능하도록 도울 수도 있다. 한 가지는 확실하다. 우리는 앞으로도 오랫동안 곤충으로부터 영감을 얻고 이들을 흉내 낼 거라는 점이다.

● ──── 생체모방: 대자연이 제일 잘 안다 ──── ●

『옥스퍼드 영어사전』에 따르면, 생체모방biomimicry이란 '생물학적 독립체나 과정을 모델로 삼은 물질, 구조, 시스템의 설계 및 생산'을 뜻한다. 곤충에서 시작한 생체모방의 예는 아주 많다. 잠자리는 드론 기술에 영감을 주었다. 또 침엽수비단벌레black fire beetle는 배에 열 감지기가 있어 산불이 난 숲의 잉걸불에 알을 낳는데, 현재 미육군 등이 성능 좋은 열 추적 감지기를 개발하려고 이 벌레를 연구하고 있다.

곤충에서 찾아낸 무한한 잠재력을 가진 발견은 또 있다. 많은 곤충의 몸 색깔이 색소가 아닌 특정 빛의 파장을 반사하는 특별한 표면 구조로 결정된다는 점이다. 이를 구조색이라고 하는데, 그 결과 남아메리카나 중앙아메리카의 정글에서 발견되는 모르포나비morpho

8장 구원자, 개척자, 노벨상 수상자
: 곤충에서 영감을 얻은 사람들

butterfly의 화려한 푸른색처럼 보는 각도에 따라 색이 변하는 강렬한 금속성 빛깔이 가능해진다. 구조색에 관한 지식으로 햇빛에 바래지 않는 색을 창조할 수 있을 뿐 아니라, 태양전지판이나 휴대폰 화면, 새로운 형태의 옷, 물감, 화장품을 만들고 개선할 수 있다. 심지어 위조가 불가능한 수표를 만들 수도 있다.

위조수표 판별법

아름다운 이사벨라하늘소*Tmesisternus isabellae*는 유일하게 알려진 서식처가 인도네시아의 작은 지역으로, 대기의 습도에 따라 몸 색깔이 변하는 것이 특징이다. 건조할 때는 짙은 녹색 줄무늬가 있는 황금색이고, 습도가 높아지면 이 황금색이 붉게 변한다. 중국 화학자들은 최근에 이 속성을 인쇄 기술에 접목했다.

과학자들은 곤충에서 영감을 받은 이 잉크로 위조할 수 없는 수표를 인쇄할 수 있다고 생각한다. 지갑 속 지폐가 진짜인지 확인하고 싶다면 간단히 입김을 불어 색이 변하는지 보면 된다(입김을 불면 습도가 높아지므로). 이런 방식으로 희귀한 하늘소는 사기, 위조와의 전쟁에 일조한다.

유일하게 남은 문제는 이 수표를 방충 장치가 된 장소—특히 흰개미가 수표를 포함해 셀룰로스를 한 점도 남기지 않고 먹어 치울 수 있는 남쪽 지방에서는—에 안전하게 보관하는 것이다. 실제로 인도에서는 흰개미가 사람들의 재산을 먹어 치운 경우가 여러 번 있었다. 2008년에는 흰개미들이 어느 인도 사업가가 마을 은행에 맡겨놓은 여윳돈을 모두 먹어 치웠고, 2011년에는 은행 금고에서 루피 지폐 한 무더기를 뚝딱 해치웠다. 이들이 먹어 치운 돈의 가치는 10만 파운드(약 1억 5000만 원)가 넘는다.

흰개미의 기술을 이용한
고층 건물 에너지 절약 시스템

흰개미의 건축 기술을 적용해 얼마나 많은 비용을 절감할 수 있는지 안다면, 여기저기서 약간의 지폐를 먹고 다니는 정도는 눈감아주고 싶어질 것이다. 흰개미는 친환경 공기 조절 시스템을 개발해 고층 건물의 에너지 효율을 개선하는 훌륭한 아이디어를 제공해왔다.

아프리카에서 대형 흰개미집은 지상 몇 미터 높이로 우뚝 솟아 하얀색 또는 연갈색 사회적 동물 수백만 마리에게 살 곳을 준다. 바깥은 뜨거운 열기에 구워지기 직전이지만, 집 안은 언제나 쾌적하고 온화하다. 지상 1미터 아래에서는 흰개미 여왕 폐하가 완벽한 온도와 풍부한 산소가 있는 알현실에 머물며 빠른 속도로 알을 짜낸다. 여왕 주위로 수천 마리의 일꾼이 산업체 규모의 곰팡이밭(118쪽 참조)

을 돌보며 수백만을 위한 먹거리를 준비한다. 그러나 곰팡이는 까다로워서 섭씨 30도 안팎에서만 잘 자란다. 더 높아도, 낮아도 안 된다. 그렇다면 흰개미는 어떻게 실내 온도를 일정하게 유지할까?

기발한 풍동 시스템이 밤낮의 온도 변화를 이용해 개미집 바깥에서 집 내부로 흐르는 찬바람을 만들어낸다. 이 '인공 폐'는 시원하고 산소가 풍부한 공기는 아래로 끌어 내리고, 덥고 이산화탄소가 풍부한 공기는 위로 올려 바깥으로 내보낸다.

건축설계사들은 짐바브웨의 수도인 하라레에서 대형 사무 건물이자 쇼핑 복합 시설인 이스트게이트 센터를 지을 때 흰개미의 독창적인 디자인을 따라 설계했다. 짐바브웨에서 가장 큰 쇼핑몰인 이스트게이트는 일반적인 냉난방 시스템 대신 흰개미집의 원리를 적용한 수동 냉각 방식을 사용한다. 결과적으로 이 건물은 표준화한 공기 조절 시스템을 가진 동급의 건물이 소비하는 에너지의 불과 10퍼센트만 사용한다.

• ——— 갈색 바나나에서 노벨상까지 ——— •

초파리는 낯익은 곤충이다. 과일 위에 구름떼처럼 날아드는 그렇고 그런 날벌레다. 집에서는 성가시고 짜증 나는 날벌레일지 모르지만 이 작고 눈이 빨간 생물은 사실 노벨상을 최소 여섯 개나 소유한 장본인이다.

초파리의 라틴 학명인 드로소필라*Drosophila*는 '아침 이슬을 좋아하는 것'이라는 뜻으로 '과일 파리*fruit fly*'라는 영어 이름보다 훨씬 시적이고, 원래 따뜻하고 습기가 많은 열대 기후에 살았다는 사실을 반영한다. 오늘날 많은 초파릿과 곤충들이 남극을 제외한 전 세계에서 발견된다. 영국 어느 가정의 부엌에 초대받지 않은 손님으로 등장할 것만 같은 이 종의 공통적인 특징은, 퇴비나 농익은 과일, 캔맥주 바닥의 앙금처럼 썩거나 발효하는 유기 물질을 먹고도 잘 자란다는 점이다. 여기서 이들은 알을 낳고 기록적인 속도로 자란다.

물론 초파리가 대단히 성가신 것은 사실이다. 인간의 먹을거리에는 제발 관심을 거두고 바깥 생활에 전념하면 좋겠지만, 여기저기 날아다니는 이 생물은 생각보다 훨씬 중요하다. 노랑초파리*Drosophila melanogaster*는 왕관을 쓰지 않았을 뿐이지 실험실의 제왕으로 100년 이상 실험과 연구에서 눈부시게 활약했다.

초파리는 연구에 적합한 훌륭한 특징이 많다. 우선 값이 싸고 실험실에서 키우기 쉽다. 초음속의 속도로 살면서 자식을 떼로 낳는다. 게다가 2000년에는 초파리 게놈 지도가 완전히 밝혀져 유전물질이 아주 잘 알려졌다. 인간의 유전자가 생각보다 초파리와 매우 비슷하다는 사실에 모욕감을 느끼지 않길 바란다. 예를 들어, 인간의 질병과 관련된 유전자 염기서열을 선별하여 조사했더니 그중 77퍼센트가 초파리에서도 나타났다. 바로 이 유사성 덕분에 초파리 연구가 인

8장 구원자, 개척자, 노벨상 수상자
∶ 곤충에서 영감을 얻은 사람들

체에서 일어나는 다양한 현상을 이해하는 데 유용하다. 초파리는 염색체, 그리고 형질이 유전되는 방식에 대해 많은 것을 가르쳐주었고, 그 결과 1933년 토머스 헌트 모건Thomas Hunt Morgan에게 노벨상이 돌아갔다. 그로부터 13년 후, 다량의 방사선에 볶아진 초파리가 허먼 멀러Hermann Muller와 함께 방사선이 초파리에 돌연변이를 일으켜 유전적인 손상을 입힌다는 사실을 보여줌으로써 또 다른 노벨상을 탔다. 1995년, 노벨 의학생리학상이 다시 한 번 이 날개 달린 작은 친구에게 돌아갔는데, 생명의 초기 단계인 태아에서 유전자가 발달을 통제하는 과정을 광범위하게 연구한 세 팀이 함께 받았다. 다음으로 2004년에는 초파리의 후각 시스템에 관한 연구에 주어졌고, 2011년에는 초파리의 면역 방어에 상이 갔다. 2017년에 초파리는 (현재로서는) 마지막 노벨상을 탔는데, 연구 주제는 살아 있는 유기체에서 하루 주기 리듬을 조절하는 생체 시계였다. 이 마지막 상은 특히 사람에게 적용할 가능성이 높은 초파리 연구의 좋은 예다.

초파리가 발효 음식, 그중에서도 특히 알코올에 달려드는 무척 짜증 나는 습성조차 유용한 것으로 드러났다. 초파리의 '알코올 의존증'에 관한 연구는 매우 진지하고 중요하다. 인간을 연상시키는 초파리의 행동들은 맥주 축제에서의 대화를 확실히 책임질 것이다. 예를 들면, 술을 과하게 마신 수컷 초파리는 집착하는 경향이 있고 교미하지 못해 안달하지만 정작 짝짓기 성공률은 낮다. 또한 데이트 시장에서 밀려난 수컷 초파리는 짝짓기에 성공한 경쟁자보다 술을 많이 마시며 슬픔을 달랜다.

이걸로도 모자라 인간은 초파리를 통해 암이나 파킨슨병 같은 질병은 물론 불면증이나 시차증과 같은 증상에 대한 지식을 늘려간다. 그렇다면 부엌에서 이 작은 파리에게 저주를 퍼부으며 파리채를 휘두를 때조차 최소한의 존경을 표하는 것이 옳다. 초파리 함정을 설치하더라도 그 전에 생물 의학 연구에서 가장 중요한 생물에게 감사를 건네는 게 좋지 않을까?

●——— 개미와 새로운 항생제 ———●

세균의 항생제 내성 문제는 오래전에 대두되었지만, 나아지지 않고 오히려 점점 더 심각해지고 있다. 세계보건기구WHO에 따르면 매년 70만 명 이상이 항생제 내성으로 사망한다. 생태와 진화에 관한 지식은 항생제 내성과의 전투에 중요한 도구다. 여기서도 곤충이 그 해결책에 이바지한다.

개미는 특히 흥미로운 연구 대상이다. 개미는 큰 사회를 이루고 구성원들이 서로 가까이 살기 때문에 세균과 균류에 의한 집단 사망을 예방하기 위해 특별한 방어 체계가 필요하다. 그래서 개미의 몸에는 항생물질을 생산하는 특별한 분비샘이 있다. 개미들은 앞발로 이 항생제를 자신과 자매들의 몸에 바른다. 실험에 따르면 균류의 포자

8장 구원자, 개척자, 노벨상 수상자
: 곤충에서 영감을 얻은 사람들

가 개미집에 퍼졌을 때 이 행동이 증가했다.

식물의 잎을 집으로 가져와 씹어서 균류 재배에 사용하는 잎꾼개미는 균류에 추가로 감염될 위험이 있다(108쪽 참조). 때때로 기생성 균류가 개미의 곰팡이 텃밭에 자리 잡으려고 시도하는데, 성공한다면 작물은 물론 개미까지 모두 죽을 수 있으므로 개미는 침입자들을 방어하는 강력한 시스템을 개발했다. 바로 개미 몸속에 있는 특별한 주머니에 살면서 특정 균류 침입자를 죽이는 항생제를 생산하는 세균과 협업하는 것이다. 이 협업은 수백만 년에 걸쳐 섬세하게 조정되어 완벽해졌다. 그러므로 개미와 세균 사이의 이러한 협업을 연구한다면 균류와 세균을 죽이는 효과적인 방법을 찾을 수 있을 것이다. 이미 특허를 받은 발견 중 하나는 잎꾼개미에서 나온 셀바마이신Selvamicin이라는 항진균성 항생제다. 셀바마이신은 흔히 구강 또는 생식기를 감염시키는 칸디다 알비칸스Candida albicans가 유발하는 이스트 감염에 효과적이다.

• —— 유충 치료 ——— •

나는 언제나 곤충을 모티프로 한 옷이나 장신구를 보면 즐거워진다. 흔하진 않지만, 아름다운 나비나 털이 북슬북슬한 호박벌은 옷이나 상징적인 장신구에서 종종 볼 수 있다. 그러나 파리를 소재로 한

제품은 거의 없다. 나는 혼자서 대단히 비과학적인 테스트를 해본 적이 있다. 노르웨이 인터넷에서 '나비 보석'을 검색하면 약 1000개의 검색 결과가 나온다. 하지만 나비 말고 '검정파리 보석'을 입력하면 하나도 나오지 않는다.

우리는 검정파리를 질병의 매개체로 생각한다. 하지만 사실 검정파리는 상처의 감염 부위를 먹음으로써 치유를 촉진할 수 있다. 혐오스러울지 모르지만 이 방법은 이미 오래전부터 알려졌다. 13세기 몽골의 지도자 칭기즈칸은 외교나 협상이 아닌 잔인하고 무자비한 전쟁을 통해 한국에서 폴란드에 이르는 넓은 땅을 정복하고 세계 역사상 가장 큰 제국을 세웠다. 칭기즈칸이 출정을 나갈 때면 마차 가득 구더기를 싣고 다녔다는 전설이 있다. 병사들의 상처 위에 올려두면 치료가 빨라져 전장에 빨리 복귀할 수 있기 때문이다.

이처럼 유충을 이용한 치료는 나폴레옹 전쟁, 미국 남북전쟁, 제1차 세계대전에도 성공적으로 사용되었다. 우리가 항생제의 환상적인 성능을 발견한 이후 유충 치료는 망각 속으로 가라앉았으나 최근에 다시 수면 위로 올라왔다. 다제내성(다양한 약물에 내성을 보이는 성질—옮긴이)을 지닌 세균 때문이다.

구리금파리common green bottle, *Lucilia sericata* 유충이 이 영역에서 가장 많이 쓰인다. 이 파리는 영국 전역의 야외에서 볼 수 있다. 의료 목적으로 상처 위에 올려놓을 구더기는 멸균 상태여야 하므로 특별한 실험실에서 교배된다. 그리고 구더기가 도망가지 않고 일에 전념할 수 있게 성긴 티백 안에 넣는다. 구더기는 여러 기능을 동시에 한다. 항생 물질과 상처의 산도를 바꾸는 물질을 분비해 세균 생장을 억제하고, 새로운 세포조직의 성장을 촉진하는 물질을 만든다. 죽은 조직과 고름만 먹고 상처 주위의 살아 있는 세포는 건들지 않는다.

1900년대 초, '구더기 왕'이라는 한 영국인이 창의적인 실험을 했다. 그는 파리 유충의 증기를 흡입하면 몸에 좋다고 생각했다. 폐결핵을 앓고 있던 그는 낚시를 좋아해 집에서 미끼용으로 늘 구더기를 길렀는데, 그 구더기 덕분에 자신이 살아 있다고 믿었기 때문이다. 그는 다른 환자들과 이 정보를 적극적으로 공유했다. 그래서 여름이면 동물원에서 수 톤의 죽은 동물을 받아다가 밖에 방치한 다음, 구더기가 자라면 모아서 특별한 용기에 옮기고는 구더기실이라고 부른 판잣집에 두었다. 환자들은 구더기실에서 구더기와 악취 나는 썩은 고기 사이에 앉아 책을 읽거나 다른 환자들과 잡담을 하고 카드게임을 했다.

정말 구린내 나는 발상이 아닐 수 없다. 구더기 농장의 악취는 수 킬로미터 밖으로까지 퍼졌다. 그러나 구더기 왕의 생각은 과학적 근거가 거의 없었다. 썩어가는 동물에 둘러싸여 시간을 보낸 후 건강이 개선되었다고 증언한 환자들도 여럿 있었지만, 구더기 가스 흡입은 상업적으로 성공하지 못했다. 그러나 어쩌면 미래에 구더기 왕의 생각이 완전히 잘못된 건 아니었음이 증명될지도 모른다. 결핵균의 비병리성 근연종 중에 실험 생물로 종종 쓰이는 균이 있는데, 검정파리 유충에서 방출하는 가스가 이 세균의 성장을 제한하는 듯하다. 추가 연구로 결과가 확인될 때까지, 낚시 미끼로 구더기를 사용하는 사람들은 건강을 위해 가끔씩 구더기 통에 얼굴을 대고 깊이 숨을 들이마시는 것도 괜찮지 않을까.

• ———— 귀뚜라미 키우기 ———— •

곤충은 우리의 정신 건강을 돕는다. 반려동물을 길러 행복과 건강을 증진한다는 것은 상식이다. 동양 사람들은 수천 년 동안 곤충을 반려동물로 길러왔다. 특히 중국과 일본에서는 귀뚜라미를 상자에 넣어 길렀다. 귀뚜라미의 가장 큰 매력은 아름다운 노랫소리지만, 13세기 중국에서는 귀뚜라미를 서로 싸움 붙이는 것이 유행이었다. 오늘날에도 중국에서는 해마다 이틀간 귀뚜라미 싸움이 열린다. 이 대회는 중국에서 열리는 100가지 넘는 곤충 관련 전통 축제 가운데 하나다.

일본에서는 아이들이 커다란 수컷 딱정벌레를 잡아서—도시에 산다면 구매해서—싸움을 붙이곤 한다. 여기에서 말하는 벌레는 지구에서 가장 큰 딱정벌레 종이다. 이들의 수컷은 강력한 뿔과 긴 턱으로 싸움을 한다. 미국처럼 일본에서도 춤추는 반딧불이(영어로 반딧불이는 불을 내는 파리란 뜻의 'firefly'지만 반딧불이는 파리가 아니라 딱정벌레다)를 볼 수 있는 특별한 장소를 방문하는 버스 투어가 인기다.

이제 곤충 반려동물은 (당연히) 아시아에서 노인들의 요양을 위해 현대적인 방식으로 시험되고 있다. 한국에서 귀뚜라미를 기른 노인들에게 어떤 변화가 생겼을까?

학자들이 평균 71세의 한국인 약 100명을 두 집단으로 나눈 뒤 우울증, 불안, 스트레스, 수면 장애, 삶의 질 등에 관한 심리 테스트를 실시했다. 이후 양 집단 모두에게 건강한 삶에 관해 안내하고 매주 확인 전화를 했다. 단, 한 집단에는 다섯 마리의 귀뚜라미가 들어 있는 상자를 주었다. 그것은 동남아시아에 서식하는 텔레오그릴루스 미트라투스*Teleogryllus mitratus*라는 정원 귀뚜라미로 노래가 아름답기로 유명했다.

2주 후, 모든 참가자가 면담을 하고 다시 테스트를 받았다. 거의 모든 참가자가 귀뚜라미를 좋아했고, 그중 4분의 3이 귀뚜라미를 돌보면서 정신이 건강해졌다고 느꼈다. 테스트 결과 우울증 수치의 감소와 삶의 질 개선 등의 여러 측정 요인에서 약간의 긍정적인 효과가 나타났다.

귀뚜라미를 키울 때의 장점 중 하나는 값이 저렴하고 따로 돌볼 필요가 없다는 것이다. 매일 데리고 나가 산책시키거나 발톱과 털을 깎아주지 않아도 되며, 우리에서 돌아다니는 걸 보거나 노래를 들으며 위안을 받을 수 있다. 그리고 때로 조금만 먹이를 주면 된다. 사실 귀뚜라미에게는 당신이 필요한데, 자신이 누군가에게 필요한 존재

세상에 나쁜 곤충은 없다

임을 느끼는 것은 정신 건강에 좋다. 귀뚜라미 키우기는 몸이 좋지 못해 많은 일을 할 수 없고 많은 시간을 홀로 앉아서 보내야 하는 사람들의 일상을 의미 있게 만드는 작은 선물이 될 것이다.

• ─── 생명애: 자연에 대한 사랑 ─── •

다행히 서양에서도 곤충에 대한 관심이 늘어나는 추세다. 많은 사람이 윙윙대며 날아다니는 꿀벌이나 통통한 호박벌을 잘 안다. 정원에 꿀이 많은 꽃을 심고, 곤충 호텔(곤충용 새집)을 매달고, 호박벌의 둥지 상자를 짓는다. 많은 곤충 애호가가 새로운 장소에서 곤충을 찾아 채집하고 사진을 찍는 등의 중요한 일을 한다. 곤충에 대한 지식을 늘리면서 자연의 보상도 경험하는 보물찾기나 마찬가지다.

특히 온대 지방이라면 나비 체험관을 쉽게 찾을 수 있다. 그물로 둘러싸인 넓은 공간에 나비가 자유롭게 날아다니고, 사람들은 감탄하며 나비를 관찰하고 사진을 찍는다. 워싱턴 DC 박물관에서 일하는 노르웨이 출신 자연 사진작가 셸 산베Kjell Sandved는 아름다운 나비 날개에 나타난 글자의 형상을 클로즈업한 '나비 알파벳' 사진으로 유명해졌다. 멕시코에서 겨울을 보내는 제왕나비monarch butterfly의 서식처는 전 세계에서 관광객들을 끌어모으고, 2016년에는 50만 명이 뉴질랜드를 찾아 와이토모 동굴의 천장에서 빛을 내는 곰팡이각

8장 구원자, 개척자, 노벨상 수상자
: 곤충에서 영감을 얻은 사람들

다귀fungus gnat 유충에 감탄했다.

이 현상은 저명한 곤충학자 에드워드 윌슨Edward O. Wilson이 주목한 사안을 강조한다. 바로 자연, 그리고 다른 생물 종과의 깊고 친밀한 관계의 필요성이다. 윌슨은 이것을 살아 있는 것에 대한 사랑, 즉 생명애biophilia라고 불렀다. 그는 생명애가 진화를 거치면서 발달하고 강화된 형질이라고 믿는다. 자연과 밀접한 접촉을 유지하면 살아남을 가능성이 커지기 때문이다. 꽃에 관심을 기울이면 몇 주 후에 열매를 발견한다. 해를 입히거나 죽일지도 모르는 종을 잘 알면 생존 가능성이 커진다. 뱀이나 거미에 대한 인간의 경계와 의심은 이런 종류의 진화적 적응에서 비롯했다고 생각하는 사람들이 많다.

오늘날, 자연과 가까이하는 것이 인간의 건강과 복지에 얼마나 중요한지 확인해주는 연구 결과가 많아지고 있다. 사회경제적 지위와 상관없이 나이 들어 녹지와 가까이 살면 더 오래 산다. 학생들은 창문 밖으로 녹지가 보이면 더 잘 배운다. 성격 장애가 있는 아이들은 자연에서 활동한 후에 증상이 완화된다. 사회주택social housing의 경우 바깥에 녹지가 있는 집과 아스팔트가 깔린 집을 비교하면, 녹지가 있는 집에서 가정 폭력이 적게 일어났다.

* * *

우리 애들이 학교에 다닐 때, 봄철 개울로 떠나는 체험 학습에 따

세상에 나쁜 곤충은 없다

라간 적이 있다. 의심 많은 10살짜리들이 내가 긴 장대에 달린 금속 체로 갈색 진흙을 끌어 올리는 것을 지켜봤다. 나는 진흙을 하얀 플라스틱 쟁반에 쏟아부었다.

"윽! 그거 만질 거 아니죠?" 어떤 아이가 놀라서 물었다. 그러나 곧바로 기적이 일어났다. 진흙이 쟁반에 퍼지자 그 안에서 우글거리는 생명체들이 나왔다. 우리는 함께 두 쌍의 눈이 달린 물맴이를 보았다. 나는 아이들에게 물맴이는 네 개의 눈으로 물 위와 아래를 모두 또렷이 볼 수 있다고 말했다. 어느 딱정벌레의 엉덩이에 달린 은색 거품도 봤다. 이 거품은 딱정벌레가 들이마시는 공기 방울이라는 이야기도 했다.

갑자기 쟁반과 체를 놓고 쟁탈전이 일어났다. 모두 이상한 벌레를 직접 찾아보고 싶어 했다. 아이들은 운동화가 물에 젖는다는 사실도 잊고, 매니큐어를 바른 손톱 밑에 진흙이 껴도 아랑곳하지 않았다.

이 시간은 나에게 좋은 기억으로 남았다. 무언가 의미 있는 일에 이바지했다는 감정에 벅찼다.

* * *

이제는 세계 인구의 절반 이상이 도시에 살고 그 수는 계속 증가한다. 많은 이들이 야생을 접할 기회가 줄어들고 있으며 야생 동물을 가까이에서 볼 일도 별로 없다. 다행히 주변의 야생화 지역이나 도시의 녹색 공간은 작지만 훌륭한 자연 세계이니, 그곳에서라면 곤충을 볼 수 있을 것이다.

● ─── 바퀴벌레는 인류의 가장 친한 친구? ─── ●

현대의 새로운 삶의 방식 때문에 새로운 문제가 발생하면서 곤충을 이용할 새로운 기회가 생기고 있다. 예를 들어 도심의 붕괴한 건물 속에서 사람을 구출하는 작전은 매우 어려운 작업이다. 여기서는 턱 밑에 포도주 통을 매단 세인트버나드 개도 우리를 도울 수 없다. 대신 현대 도시 환경에서는 바퀴벌레가 인간의 수호천사가 될지도 모른다.

핵전쟁이 일어나면 유일하게 바퀴벌레가 살아남을 거라는 말을 들은 적이 있을 것이다. 〈바퀴벌레들의 황혼〉 같은 스릴 있는 옛날 영화가 낳은 미신이다. 이 영화의 주인공은 지구 멸망 이후 아침에는 방사능 낙진을 먹고, 디저트로는 살아남은 인간 여성—붉은 드레스를 입은 미녀를 선호한다—을 먹는 괴물 곤충이다. 바퀴벌레가 사람보다 방사능에 더 강하긴 하지만 이건 말도 안 된다(참고로 밀웜은 그보다 더한 것도 견딜 수 있다).

어쨌거나 바퀴벌레의 다부진 체격이나 놀라운 운동 기술, 탄력성은 실제로 인간에게 유용할 수 있다. 현대 첨단 기술로 가득 찬 작

세상에 나쁜 곤충은 없다

은 바퀴벌레 배낭을 보자. 바퀴벌레의 더듬이와 미엽(곤충의 엉덩이 부위에 꼬리처럼 생긴 촉각기관)에 마이크로칩, 송신기와 수신기, 제어 장치를 연결해 원격 조종으로 미세한 전기 자극을 줄 수 있다. 미엽을 자극하면 바퀴벌레는 뒤에서 무언가 다가오고 있다고 생각해 도망친다. 더듬이를 자극하면 어딘가에 닿았다고 생각하고 잽싸게 옆으로 비켜난다. 이런 식으로 위험한 건물 안에서 배낭을 둘러맨 바퀴벌레 부대를 원격으로 조종하고, 되돌아오는 신호를 해석해 사고 현장의 지도를 그릴 수 있다.

추가로 바퀴벌레 배낭에 주변 소리를 잡아내는 마이크를 설치하면, 지진으로 무너진 건물에 갇힌 사람들 소리를 들을 수 있지 않을까? 그러면 소리가 나는 쪽으로 바퀴벌레를 조종해 실종자 위치를 확인하고 신속하게 구조할 수 있을 것이다.

그러니까 만약 운이 나빠 무너진 건물 안에 갇히게 되었다면, 자신에게 다가오는 바퀴벌레를 너무 성급히 밟아버리지는 말자. 여러분을 위해 투입된 구조대원일지도 모르니. 하지만 한겨울 스위스 알프스에서 조난을 당한다면 세인트버나드에게 희망을 거는 편이 낫다. 눈이 오는 날씨는 바퀴벌레가 감당할 수 없는 몇 안 되는 환경이니까.

8장 구원자, 개척자, 노벨상 수상자
: 곤충에서 영감을 얻은 사람들

1분마다 한 트럭 분량의 플라스틱이 전 세계 바다에 버려진다. 그리고 최소한 같은 양의 플라스틱이 육지의 매립지로 향하고 그 양은 계속 늘어난다. 우리는 플라스틱을 사랑하니까. 플라스틱은 싸고 간편하다. 다행히 플라스틱 사용을 줄이자는 의견이 늘고 있지만, 현재 우리가 매해 사용하는 플라스틱 양은 50년 전보다 20배나 늘어났고, 그중 불과 10퍼센트 미만이 재활용된다. 나머지 플라스틱 쓰레기는 매립지나 도로변 배수로, 바다로 간다. 엘런 맥아더 재단의 보고서에 따르면 이대로 가면 2050년이면 바다에 물고기보다 플라스틱이 더 많아질 것이다. 플라스틱은 자연환경에서 극도로 천천히 생분해된다. 따라서 플라스틱을 소화하고 분해할 수 있는 곤충은 획기적인 발견이다.

폴리스티렌을 예로 들어보자. 종이컵이 아닌 용기에 든 뜨거운 커피나 포장 음식을 산 적이 있다면 그때 당신 손에 들린 것은 폴리스티렌이다. 아이소포어isopore로도 알려진 폴리스티렌은 뜨거운 음식이나 음료를 담는 일회용 용기에 사용된다. 미국에서만도 매년 25억 개의 컵이 버려진다. 우리는 지금 생분해되지 않는다고 알려진 물질을 말하는 것이다. 적어도 얼마 전까지는 그랬다. 그런데 밀웜이 폴리스티렌 컵을 마치 일상적인 식단의 일부처럼 먹어 치울 수 있다는 사실이 드러났다.

연구자들은 미국과 중국의 밀웜들에게 폴리스티렌으로 밥상을 차려 주었다. 이들은 모두 갈색거저리darkling beetle, *Tenebrio molito* 종인데, 유럽 전역의 야외에 살고, 가끔 오래 방치된 찬장 속 축축한 밀가루에서도 발견된다. 이들은 폴리스티렌을 기록적인 속도로 먹어 치운다. 유충은 이런 비정상적인 식단을 먹고도 정상적으로 자라 번데기가 되고 성충이 된다. 예를 들어 중국 밀웜 500마리에게 5.8그램의 플라스틱을 주었더니 한 달 만에 3분의 1을 먹어 치웠다. 남는 것은 소량의 이산화탄소와 벌레 똥 한 점인데 식물 재배용 토양으로 쓰기에 적합할 정도로 깨끗하다. 정상적인 먹이와 폴리스티렌을 먹는 유충의 생존율에는 큰 차이가 없었다.

그렇다고 폴리스티렌이 슈퍼푸드인 것은 아니다. 또 다른 실험에서는 밀웜 유충을 세 집단으로 나누어 첫 번째 집단에는 폴리스티렌을, 두 번째 집단에는 콘플레이크를 주었고 세 번째 집단에는 먹이를 아예 주지 않았다. 세 집단을 비교한 결과, 콘플레이크를 먹은 유충의 무게는 36퍼센트 증가했지만, 폴리스티렌을 먹은 유충은 몸무게가 전혀 늘지 않았다. 물론 2주 만에 몸무게의 4분의 1이 줄어든 굶주리고 불쌍한 영혼보다는 나았다.

엄밀히 말하면 유충이 플라스틱을 분해하는 것은 아니다. 이들도 장에 사는 착한 세입자에게 일을 맡긴다. 밀웜은 세균과 연합하여 플라스틱을 분해한다.

밀웜이 바닷속 플라스틱 문제를 해결할 수 있을지는 좀 더 연구

해봐야 알 수 있다. 밀웜은 발이 젖는 걸 그리 좋아하지 않고 바닷속 생활에도 맞지 않기 때문이다. 그러나 육지에도 처리해야 할 플라스틱은 아주 많으니 어쨌든 이 벌레의 도움을 받을 수 있을 것이다.

플라스틱 문제를 해결할 수 있는 곤충은 밀웜 하나뿐이 아니다. 꿀벌부채명나방greater wax moth은 벌집 속 밀랍을 먹어 치워 양봉계에서 해충으로 취급하는 나비목(인시목) 곤충이다. 밀랍은 마트와 상점에서 주는 비닐봉지에 쓰이는 폴리에틸렌과 구조가 비슷하다. 아니나 다를까, 꿀벌부채명나방은 이 플라스틱을 먹고 에틸렌글리콜이라는 자동차 부동액에 쓰이는 물질로 바꾼다. 여기서도 작업은 나방의 유충 혼자서가 아니라 장내세균과 함께한다.

연구자들은 이런 최근 결과를 자세히 분석하여 어떻게 활성 물질을 대량으로 생산할지, 그리고 장기적으로 어떻게 플라스틱 폐기물을 처리하는 실질적인 해결책으로 바꿀 수 있을지 모색하고 있다.

•──── 시간을 거슬러 사는 수시렁이 ────•

과학의 발견은 때로 우연히 일어난다. 예를 들면, 제1차 세계대전이 끝날 무렵 한 미국인 과학자가 책상 속에 곤충의 유충을 넣어두고 잊어버렸을 때처럼 말이다. 하긴 이 과학자처럼 인간의 세포 구조부터 노새의 불임 원인과 날도래의 빛 반응에 이르기까지 온갖 연구에 빠져 있었다면 정신이 없는 것도 당연하다. 다만 애초에 왜 딱정벌레 유충이 든 통을 사무실 서랍에 넣어놨는지는 수수께끼다.

어쨌든 핵심은 유충을 서랍에 둔 것이 아니라 그걸 잊어버린 데 있다. 꼬박 5개월을 새까맣게. 알이 깨서 성충이 되어 번식하고 죽는 정상적인 한살이가 불과 두 달 만에 끝나는 트로고데르마 글라브룸 *Trogoderma glabrum* 같은 수시렁이carpet beetle에게 먹이도 없는 5개월의 감금은 완벽한 죽음을 의미한다. 그러나 과학자가 서랍을 열었을 때, 유충들은 건강한 상태였고 심지어 더 어려 보였다. 그렇다, 정말로 젊어지고 있었다.

1장에서 모든 곤충은 성충이 되는 동안 여러 차례 허물을 벗는다고 말한 것을 기억할 것이다(26쪽 참조). 정상적인 과정에서는 작고 미숙한 유충이 크고 발달한 유충으로 변한다. 인간이 아기에서 청소년으로 점점 커나가지 반대로 되지는 않는 것처럼 말이다. 그러나 서랍 속 유충은 실제로 거꾸로 살고 있었다. 큰 것에서 작은 것으로, 발달한 단계에서 단순한 단계로.

가히 혁명적인 일이었다. 우리의 과학자 선생 역시 그걸 알았다. 그는 수시렁이 유충을 계속 굶겼고, 이 대단한 생물은 그의 표현대로 "쌀 한 톨 먹지 않고" 5년을 더 살았다. 더구나 이 유충은 유충의 후기 단계에서 초기 단계로 삶을 거꾸로 살았기 때문에 점점 더 작아졌다. 더 신기하게도, 단식투쟁을 강요당한 이 가없은 것들에게 먹이를 주었더니 이내 정상적인 모드로 전환해 '아기'에서 '청년'으로 다시 발달하기 시작했다.

이 오래전의 발견을 검증하는 연구는 1970년대가 되어서야 수행되었다. 수시렁이 유충은 발달 과정을 앞뒤로 왔다 갔다 할 수 있었다. 그러나 그 과정에 비용이 전혀 들지 않는 것은 아니었는데, 겉으로는 '아기 유충'이지만, 여러 차례 주기를 반복하면서 생리 기능이 저하되어 어떤 식으로든 늙어갔고 매번 다시 커지는 데 시간이 더 걸렸다.

이것이 진정한 야생이다. 야생에는 더 많은 것들이 있다. 꿀벌도 노화 과정을 제어한다. 벌집에서 어린 벌을 돌보는 책임을 맡은 벌들은 최고의 정신 상태를 유지하며 여러 주를 산다. 그러나 밖에 나가 꿀을 모아 오는 일벌은 2~3주 만에 늙어 죽는다. 더 대단한 것은 일벌에게 강제로 집벌의 일을 맡기면 그들 중 일부가 실제로 '젊어진다'는 사실이다. 이들은 높은 정신력으로 장수하는 능력을 회복한다. 꿀벌에서 나타나는 이 현상은 특별한 단백질이 조절한다. 벌을 위한 일종의 회춘 약이다. 이 곤충들을 연구하면 인간의 노화 과정에 관한 이해뿐 아니라 치매 관련 질병 치료에 관한 새로운 힌트로 이어져 결과적으로 우리가 더 건강한 노년을 보내도록 도울 것이다.

기대수명과 노화를 이야기했으니, 이제 곤충의 도움으로 우주여행을 하는 것은 어떨까? 잠자는 깔따구로 불리는 아프리카깔따구 *Polypedilum vanderplanki*는 실제로 긴 잠을 잘 수 있도록 준비된 굉장한 우주비행사다.

아프리카에 사는 이 깔따구는 수시로 말라버리는 작은 물웅덩이에서 유충 시기를 보낸다. 인간은 몸에서 14퍼센트 이상의 수분을 잃으면 죽는다. 반면에 다른 생물들은 대부분 최대 50퍼센트의 수분 손실을 견딜 수 있다. 그런데 이 깔따구는 몸속에서 97퍼센트의 물이 빠져나가도 끄떡없다. 건조 상태에서는 별짓을 다 해도, 즉 끓여도, 액체 질소에 담가도, 독한 술에 적셔도, 우주 방사선에 노출해도, 아니면 그냥 내버려 두어도 깔따구는 죽지 않는다. 이 생물의 최장 생존 기록은 17년이다.

이들을 깨우고 싶다면 그저 물을 부으면 된다. 인스턴트 수프에 들어 있는 냉동 건조된 고기 조각처럼 깔따구 유충은 정상적인 크기로 부풀어 올라 한 시간이 지나면 마치 아무 일도 없었던 듯이 먹느라 바쁠 것이다.

그렇게 이 깔따구는 별다른 손상 없이 삶과 죽음 사이의 어딘가에 존재하는 상태가 된다. 필요한 것은 약간의 준비 시간뿐이다. 생존의 핵심은 몸속에서 물을 대신하는 트레할로스trehalose라는 이당

류다. 당도가 일반적인 당의 절반인 이 물질은 곤충의 피에서 낮은 농도로 자연적으로 생긴다. 트레할로스라는 이름은 이란에서 발견되는 바구미의 고치 형태 유충이 분비하는 물질에서 왔다. 페르시아어로 '트레할라 trehala'라고 부르는 이 분비물은 전통 약물로 널리 쓰인다.

힘든 시기가 찾아오면 깔따구는 몸속에서 트레할로스를 대량으로 생산하기 시작한다. 정상적으로는 전체 혈액의 약 1퍼센트 내외였던 것이 20퍼센트까지 증가한다. 당은 다양한 방식으로 세포와 체내 기능을 보호한다.

세균, 균류(제빵에 사용하는 건조 효모를 생각해보라), 회충, 완보류, 톡토기를 포함한 여러 생물이 살아 있으면서 죽어 있는 산송장 기술의 달인이다. 흥미롭게도 이들이 그 상태를 유지하기 위해 사용하는 방식은 모두 다르다. 일례로 완보류는 체내에 트레할로스를 축적한다는 증거가 없다.

만약 우리가 정상적인 생명 활동과 건조 상태의 동면 상태를 자유자재로 조절하는 법을 알게 된다면, 그 정보를 이용해 세포, 조직, 심지어 한 사람을 건조 상태로 유지할 수 있을지도 모른다. 아프리카깔따구는 우리가 우주여행의 미래를 향한 열쇠를 찾도록 도울 것이다.

• ─── 로봇 벌 ─── •

곤충이 별을 향한 여행을 도와주길 기다리는 동안 우선 꽃 사이를 날아다니는 여행을 돕게 하는 건 어떨까? 곤충들은 우리를 대신해 식물의 꽃가루받이를 할 수 있다. 연구자들은 곤충을 본떠 실제로 로봇 벌을 만들었다. 이 로봇 '벌'은 솔과 전하를 띤 젤을 가지고 꽃가루를 모으는 작은 드론이다. 연구자들은 드론에 장착할 솔의 후보로 탄소 섬유로 만든 솔, 화장 솔의 나일론 가닥, 말털을 시험했는데, 말털의 성능이 가장 좋았다. 말털을 장착한 로봇벌 1.0이 시험 준비를 마친 상태다. 인터넷에서 검색하면 일본의 한 실험실에서 백합과 백합 사이를 드론이 날아다니는 동영상을 볼 수 있다. 비행 자체는 아직 조금 어설프지만, 드론 비행은 대학의 교과 과정이 아니니까. 아직은.

드론을 적용할 수 있는 가장 확실한 영역은 곤충에 꽃가루받이를 의존하는 온실 재배 작물이다. 드론을 활용하면 외래 호박벌 종을 덜 사용할 수 있을지도 모른다. 이 벌들은 온실을 탈출해 자연 세계로 침입하여 걷잡을 수 없이 확산하기 때문이다. 현재는 로봇 벌의 효율성이 낮은 편이다. 수동으로 조작하고 수시로 충전해야 하기 때문이다. 하지만 미래에는 GPS로 길을 찾거나, 인공지능으로 조종하고 수명이 긴 배터리를 장착하게 될 것이다.

그러나 기계가 자연의 무한한 고급 기능을 대체할 수 있다고 믿지는 말자. 자연에서는 2만 종 이상의 생물이 야생화와 작물의 수분에 기여한다. 연구에 따르면 특별하게 적응한 다양한 종들이 관여할 때 꽃가루받이가 가장 효율적이다. 곤충과 꽃의 상호작용은 1억 년 이상 세밀하게 조정되어왔다. 자연에서 이루어지는 수분은 인간이 흉내 낼 수 있는 그 어떤 것보다 복잡하고 천재적이다. 자연이 우리에게 무료로 준 해결책을 유지하는 편이 더 쉽고 값싸다.

오랜 시간을 살아온 곤충을 보고 새로운 영감을 얻는 일에 관해 말하자면, 우리는 다음에 어떤 종이 우리에게 유용할지 알 수 없다. 밀웜, 초파리, 바퀴벌레, 개미, 각다귀? 우리 인간은 다른 종이 우리에게 쓸모가 있는지 아니면 방해가 되는지에 따라 재빨리 분류한다. 그리고 후자에 해당하는 것들은 열심히 제거한다. 그러나 자연은 대단히 영리하게 조직되었다. 지식만 제대로 갖춘다면 거기에서 언제나 새로운 해결책을 발견할 수 있을 것이다. 이것이 자연 세계를 보존하고 모든 종으로 하여금 그 안에 살게 하는 것이 중요한 이유다. 유용하든 아니든.

곤충 대 인간,
그다음은?

지난 몇백 년간 지구 생태계는 인간이 살아온 역사의 그 어느 때보다 빠르게 변해왔다. 곤충들의 기이한 삶도 변하고 있다. 지구의 땅 절반 이상이 농업, 가축 방목, 건설 때문에 변형되었고, 변화 속도는 빨라지고 있다. 그 결과 생물의 서식처가 소실되고, 남은 서식지조차 작고 고립된 땅으로 파편화된다. 댐과 인공 관개는 지구의 담수원에 가하는 압력을 높인다. 너무 많은 플라스틱을 생산하고 버려서 앞으로 이 땅에 살게 될 세대는 토양에서 미세 플라스틱의 형태로 그 흔적을 발견할 것이다. 작물을 보호하기 위해 사용하는 살충제를 포함해 매년 생산하는 엄청난 양의 화학 물질들이 곤충을 죽인다. 인간은 고의든 아니든 종들의 자리를 옮긴다. 인공 비료 때문에 토양의 질소와 인의 함량이 2배로 늘었다. 이산화탄소의 양이 수천만 년 전보다 높아져서 기후 변화에도 영향을 미친다.

이 모든 것이 곤충에게 영향을 미친다. 곤충이 영향을 받으면 우리도 영향을 받는다. 곤충의 개체 수 감소와 멸종은 생태계의 근본적인 기능에 영향을 미치기 때문에 파급효과를 일으키고 시간이 지나면서 커다란 결과를 낳는다. 다행히 인간이 곤충을 모조리 제거하는 일은 없겠지만, 어쨌든 다리가 여섯 개인 작고 날개 달린 친구들을 잘 보살피는 편이 좋을 것이다. 4억 7900만 년의 선전에도 불구하고 이들이 정말 힘겨워하기 시작했기 때문이다.

우리는 존재하는 모든 곤충 종 가운데 아주 적은 일부만 알 뿐이고, 그 일부에 관해서도 확실한 자료가 많지 않다. 그렇지만 한 추정치에 따르면 전체 곤충의 4분의 1이 현재 멸종 위험에 처해 있다.

여기서 짚고 넘어가야 할 점이 하나 있다. 한 종이 이미 멸종 직전까지 갔다면 걱정해봐야 소용없다는 사실이다. 종은 최후의 개체가 죽기 이미 오래전부터 생태계에서 기능을 멈춘다. 그래서 종 멸종 자체에만 집중할 것이 아니라 개체 수 감소에도 관심을 돌리는 것이 중요하다. 곤충의 수가 점점 줄고 있다고 제시하는 연구 결과는 아주 많다. 독일에서 전국적으로 60개 이상의 지역에서 축적된 전체 곤충 생물량은 불과 30년 만에 75퍼센트로 곤두박질쳤다. 세계적 연구 자료에 따르면 지난 40년간 인구는 2배로 증가한 반면 곤충의 수는 절반 가까이 줄었다. 드라마틱한 수치다.

그렇다면 왜 곤충의 수가 감소할까? 여기에는 많은 원인이 복잡하게 얽혀 있기 때문에 말하기가 쉽지 않다. 중요한 요인은 기후 변화뿐 아니라 토지 사용 증가, 집약적인 농업 및 산림 관리, 살충제 사용과 천연 서식처 감소 등이다.

토지와 자원을 계속 착취해서 곤충 개체 수가 급감하고 종이 사라지고 곤충 군집이 변화하면 어떤 일이 일어날까? 이 세상이 실로 짠 해먹이라고 생각해보자. 지구상의 모든 종과 그들의 삶이 이 직물의 일부로, 다같이 우리 인간이 쉬고 있는 해먹을 만든다. 특히 곤충은 수가 너무 많아서 해먹의 많은 부분을 차지한다. 우리가 곤충의 수를 줄이고 종을 멸종시키는 일은 해먹의 천에서 실을 잡아 뽑아버리면 구멍이 몇 개 나고 군데군데 실이 느슨해진 정도라면 큰 문제는 없다. 그러나 실을 너무 많이 잡아 뽑는다면, 해먹은 마침내 완전히 풀어지고, 해먹 속에서 누려온 우리의 복지와 안녕도 사라질 것이다.

곤충 군집에서 일어나는 급격하고 극단적인 변화는 누구도 예측할 수 없는 도미노 효과를 일으킬 것이다. 우리는 그 효과에 어떤 의미가 있는지 모른다. 아주 달라질 거라는 것 외에는. 깨끗한 물, 충분한 식량을 확보하고 건강을 유지하기가 점점 더 어려워지는 상황에서 우리는 앞으로 훨씬 더 힘들게 살아야 하는 위험을 자초하고 있다.

마지막으로, 지역적으로나 전 지구적으로 곤충의 생명을 위협하는 요인 몇 가지와 어려움을 살펴보자.

우선 개념 없는 토지 사용은 두말할 것 없이 가장 큰 위협이다. 우리는 그 어느 때보다 토지를 집약적으로 사용하는데, 그 말은 열대지역에 있는 생물의 서식처와 온전한 열대우림이 줄어든다는 뜻이다.

9장 곤충 대 인간, 그다음은?

우리가 사는 곳에도 농경지와 건물이 빽빽하게 들어찬 곳에는 꽃이 피는 들판이 별로 없고, 오래전에 죽은 나무가 곤충의 다양성을 확보하는 주택단지 역할을 하는 자연림이 있는 지역도 별로 없다. 이는 또한 야행성 곤충에게 영향을 미치는 인공조명이 많다는 뜻이다.

둘째는 기후 변화다. 날씨가 더 따뜻해지고 비가 제멋대로 내린다면 곤충의 삶은 어떻게 될까?

셋째는 살충제와 새로운 유전자 조작 기술 사용에 관한 문제다. 이것은 우리에게 해답보다는 질문을 더 많이 남긴다.

넷째는 비자생종 도입이 미치는 영향이다. 과거의 실수를 되돌리는 것이 가능할까? 그리고 이것이 올바른 순위 매김일까? 우리가 만든 변화는 기존 생물 종들을 쓸어버림과 동시에, 진화의 힘이 새로운 종을 만들 기회를 제공한다. 문제는 그만큼 자연이 잘 버텨줄지, 그리고 수백만의 다른 종에 대한 염려와 우리 자신에 대한 염려를 저울질할 정도로 우리가 현명한지에 있다.

•——— 키스하고 싶지 않은 개구리 ———•

남미의 정글에는 필로바테스 테리빌리스*Phyllobates terribilis*라는 완벽한 라틴 학명을 가진 독개구리가 산다. 바로 황금독화살개구리 golden poison frog다. 아무리 잘생긴 왕자님을 만나고 싶어도 이 개구리에게 키스하면 안 된다. 그랬다가는 왕자는커녕 저승사자를 먼저 만날 테니(100퍼센트 확실하다). 문제의 독은 인류에게 알려진 가장 강력한 신경 독 중 하나인 바트라코톡신이다. 독화살개구리 한 마리는 약 1밀리그램의 독을 품고 있는데, 이 소금 알갱이 하나의 무게로 성인 남성 10명을 죽이고도 남는다. 참고로 말하면 해독제도 없다.

자두 한 알보다 작은 이 작은 개구리는 과거에 콜롬비아의 열대 우림에 상당히 흔했다. 현지인들은 어떤 사냥감을 마주치더라도 확실하게 죽일 수 있도록 화살촉으로 개구리의 등을 조심스럽게 쓸어서 충분한 독을 묻혔다.

제약업계가 이 충격적인 노란 독에 대한 소문을 들었다. 초기 실험 결과 이 독을 적당량 사용하면 대단히 효과적인 진통제로 작용한다는 사실이 밝혀졌다. 게다가 이 독은 세포막을 통한 나트륨 이동에 영향을 미치므로 다발성 경화증처럼 나트륨 운송이 중요한 수많은 질병을 이해하는 데 도움이 될 거라고 여겨졌다. 그래서 과학자들은 이 개구리를 더 자세히 연구하기 위해 실험실로 데려왔다. 그런데 무슨 일이 일어났을까? 이 개구리는 더 이상 독을 만들지 않았다!

실제로 자연은 우리의 생각 이상으로 술수가 뛰어나다. 황금독화살개구리는 그 자체로 독성이 있는 게 아니라, 자연의 원래 서식처에 살 때 독을 만들어낸다. 왜 그럴까? 힘든 수사 끝에 우리는 이제 독이 그들의 먹이에서 온다는 사실을 알게 되었다. 맞다, 바로 딱정벌레다(어쨌든 이 책은 곤충에 대한 책이니). 정확히 말하면 의병벌렛과

Melyridae 딱정벌레다. 그러니까 개구리는 원래 살던 곳에서 먹던 대로 먹고 살 때만 독을 품는다는 말이다.

사람들이 열대우림의 나무를 베어내면서 황금독화살개구리는 이제 멸종의 위협을 받는 종 목록에 이름을 올렸다. 이 종을 구하려고 필사적으로 애쓰고 있지만, 전망은 그리 밝지 않다. 개구리의 서식처가 사라졌을 뿐 아니라, 개구리 다리 무역 때문에 항아리곰팡이 Batrachochytrium dendrobatidis, Bd가 확산되면서 전 세계적으로 개구리, 두꺼비, 도롱뇽이 죽고 있다. 이들 중 3분의 1이 이제 영원히 사라질 지경에 이르렀다. 더는 황금독화살개구리도, 그들이 만들어내는 활성 성분에 대한 후속 연구의 기회도 없을 것이다.

•──── 다양한 경관이 곤충의 수를 늘린다 ────•

활성 약물 성분을 찾을 기회를 놓치고 싶지 않다면 이 종들의 서식처를 돌봐야 한다. 자연 지역을 온전하게 보전하는 것은 열대우림과 유럽에서 서식처를 확보하는 중요한 방법이다. 많은 곤충은 저마다 고유하고 특별한 서식 조건을 갖고 있기 때문에 본래 상태를 완전히 변형한 현대의 경관에서는 살아남기 힘들다. 다시 말해 고유종을 보호하려면 자연 보호 구역, 보전 지역이 매우 중요하다. 그러나 대규모 보전 지역 밖의 자연 경관에서도 다양성을 유지하는 것이 중요하다. 숲에서라면 나이든 나무, 죽은 나무를 충분히 확보하는 것이 한 방편이다. 죽은 나무는 살아 있는 숲에서 중심적인 역할을 한다(150쪽 참조). 특히 분해자, 수분 매개자, 종자 배포자, 다른 생물의 먹이, 해충 통제자의 역할을 훌륭하게 해내는 유용한 곤충과 그 밖의 숲 거주자들에게 집을 제공한다. 최근에 많은 유럽 국가가 죽은 나무의 수를 늘리려는 계획에 착수했지만, 천연림에 비하면 여전히 매우 적다.

농경지와 도시에서도 인간의 환경을 미화하는 간단한 조치를 통해 많은 것을 이룰 수 있다. 주거 지역의 하천을 따라 심은 크고 작은 나무들, 도로변 생울타리, 경작지 가장자리의 야생화, 밭 한가운데에 오래되고 구멍 뚫린 참나무가 있는 경작되지 않은 땅 한 뙈기. 다양한 경관은 복잡한 곤충의 삶에 더 나은 기회를 제공한다. 이는 다시 야생화와 작물의 꽃가루받이에 이롭게 작용한다. 양질의 효율적인 꽃가루받이에 필요한 것은 꿀벌과 야생 벌, 호박벌만이 아니다. 여기에는 많은 선수가 참여하는 고차원적인 팀워크가 필요하다. 파리, 딱정벌레, 개미, 말벌, 나비는 벌이나 호박벌에 비하면 수분의 효율이 떨어지지만 워낙 수가 많다 보니 낮은 효율을 극복한다. 벌이 아닌 곤충 중 일부는 효과적인 꽃가루받이에 도움이 되는 습관과 적응력이 있을 수도 있다.

다섯 대륙에서 유채, 수박, 망고, 딸기, 사과와 같은 작물에 관한 수십 가지 연구 프로젝트의 자료를 조합했더니, 벌이 방문한 횟수와 상관없이 '벌이 아닌' 곤충이 방문했을 때 식물이 질적·양적으로 더 나은 작물을 생산한다는 결과가 나왔다. 이 곤충들은 벌들이 할 수 없는 독특한 방식으로 이바지하는 것 같다. 또한 경관의 변화에 취약한 정도도 곤충마다 다른데, 이것도 식량 생산에 이점을 준다. 정리하면, 이 모든 곤충은 완벽한 꽃가루받이를 위해 가입한 보험이다. 한 종이 제 일을 해내지 못하면 다른 종이 그 공백을 메운다.

온전한 종 다양성은 물과 영양분 같은 자원의 보유 측면에서 생태계를 더 효과적으로 만들고, 생물량을 늘린다. 이 생물량이 작물의 토대가 되고 우리 밥상에 올라오는 식량이 된다는 사실을 정확히 인식한다면, 이 지식이 얼마나 중요한지 알게 될 것이다. 또한 종 다양성은 생물량을 분해하고 그 결과 발생한 영양소가 새로운 생산을 가능하게 하는 모든 과정의 핵심이다.

생물 다양성이 낮을 때보다 온전할 때 시간이 지나면서 생태계가 더욱 안정된다는 주장을 뒷받침하는 증거가 늘고 있다. 여기에는 종마다 각기 다른 장점이 있다는 사실을 포함해 많은 메커니즘이 작동한다. 여름이 시원한 지역에서 잘 자라는 종이 있는가 하면, 구워질 정도로 뜨거운 여름 태양 아래에서 빛나는 종도 있다. 종이 감소하거나 절멸하면 자연이 작용할 수 있는 변이가 줄어들고, 우리는 자연의 변동 및 기후 변화 같은 인간이 만든 변화를 준비가 미흡한 상태로 맞닥뜨릴 것이다.

곤충이 제공하는 서비스에 값을 매기기는 쉽지 않다. 예를 들어

세상에 나쁜 곤충은 없다

세계적으로 꽃가루받이하는 곤충들의 기여도는 매해 5770억 달러 (약 677조 원)의 가치가 있다고 추정된다. 이는 2015년 영국 경상 수입의 3분의 2를 조금 밑돈다. 분해와 토양 형성의 가치는 합쳐서 꽃가루받이의 4배다. 이 수치는 계산법에 따라 달라질 수 있고 근사치에 불과하지만, 여전히 곤충의 기여도가 파운드, 실링, 펜스의 측면에서 극도로 가치가 높으며, 이들을 돌보는 것이 경제적으로 대단히 합리적임을 말해준다.

• ———— 혼란스러운 불빛 ———— •

인구가 늘면서, 또 사람들이 지구의 땅을 더 많이 차지하게 되면서 우리가 평소에 생각하지 않았던 결과들이 나타났다. 일례로 조명 공해가 있다. 조명 공해란 가로등, 주택, 별장, 산업용 빌딩에서 발산하는 야외 인공조명의 합을 말한다. 현재 조명 공해는 매해 6퍼센트씩 증가하며, 곤충을 포함한 생태계를 교란한다.

정확한 원인은 아직 논의 중이지만, 나방이 빛에 이끌린다는 건 잘 알려진 사실이다. 가장 유력한 가설에 따르면, 나방은 조명의 불빛을 하늘의 달로 생각해서 그것을 중심으로 각도를 고정하고 방향을 잡는다. 아주 멀리 떨어져 있는 진짜 달이라면 문제가 없지만, 땅에서는 나방이 인공조명을 향해 나선형으로 날아가 대개는 불에 타생을 마감한다.

가로등은 지역 벌레 종의 조성을 바꾼다. 또한 뭍에 살면서 물에 알을 낳는 곤충들을 혼란스럽게 한다. 예를 들어 잠자리들은 가로등 아래 주차된 차에 비친 불빛을 햇빛이 수면에 반사된 것으로 여긴다. 그리고 평생을 바쳐 만든 알을 엉뚱한 곳에 낳는다.

장기적으로는 곤충에게 어떤 일이 일어날까? 이를테면 조명 공해가 도시 곤충의 행동 패턴을 바꾸어 빛을 피해 다니게 만들지는 않을까? 이 가설을 시험하기 위해 스위스 과학자들이 어민나방spindle ermine moth, *Yponomeuta cagnagella* 유충 1000마리를 비교했다. 유충의 절반은 도시에서, 나머지 절반은 시골에서 왔고, 모두 비슷하게 빛을 비춘 실험실에서 어린 시절을 보냈다. 과학자들은 한편에 조명이 있는 커다란 그물 우리에 우화한 나방을 풀어놓고 기다렸다.

도시 나방과 시골 나방이 똑같이 빛에 끌렸을까?

결과는 명확했다. 도시 나방은 평균 30퍼센트 정도로 빛에 덜 끌렸다. 야행성 나방이 밤에 인공적으로 불빛이 켜진 환경에서 여러 세대를 살면서 진화적으로 적응했다는 뜻이다. 괜시리 가로등 주위를 맴돌다 불에 타거나 뷔페식당에서 작업 중인 포식자에게 먹힐 이유가 없다. 이는 도시 나방 사이에서 빛에 끌리는 것을 저지하는 선택압이 나타났다는 뜻이다.

이런 행동 변화가 긍정적인 면도 있다. 아깝게 목숨을 버리지 않아도 되니까. 그러나 광범위하게 부정적인 결과가 나타날 수도 있다.

나방이 빛을 피하는 행동에는 대가가 따른다. 많은 시간을 그저 가만히 앉아서 보낸다는 뜻이기 때문이다.

결과적으로 도심 지역에서 인공조명의 효과는 생태계에서 곤충의 역할을 바꾼다. 예를 들어, 곤충을 잡아먹는 야행성 동물들이 숨어서 꼼짝 않는 먹잇감을 잡기란 쉽지 않다. 또한 야행성 곤충이 밤에도 날아다니길 귀찮아하면, 이들에게 꽃가루 운반을 맡긴 꽃들은 꽃가루받이에 차질이 생긴다. 그래서 조명 공해를 제한하고, 특히 아직 영향을 받지 않은 자연 지역에서는 인공조명을 차단하는 것이 중요하다.

더 따뜻하게, 더 축축하게, 더 예측 불가능하게
: 딱정벌레는 어떤가?

우리는 기후가 달라진 미래를 향하고 있다. 곤충도 직간접적으로 영향을 받을 것이다.

기후 변화가 여러 종 간에 섬세하게 조정된 타이밍을 교란하는 문제가 생기고 있다. 철새의 귀환, 잎이 나는 시기, 봄의 개화 등 자연에서 일어나는 많은 현상과 과정의 시기가 달라지고 있다. 이 현상들은 서로 복잡하게 얽혀 있다. 문제는 이 타이밍이 동시에 변하지 않는다는 데 있다. 곤충을 잡아먹는 새가 곤충이 주로 활동하는 시기를 피해 새끼를 너무 일찍 또는 너무 늦게 낳는다면 둥지의 새끼새에게 갖다 줄 먹이가 없다. 이런 행동은 (지구 온난화의 영향을 받지 않는) 낮의 길이로 촉발되는 반면, 다른 것들은 이를테면 평균 기온에 의해 촉발된다. 같은 방식으로 특정 곤충에 꽃가루받이를 의존하는 식물은 그 곤충이 떼 지어 다니지 않는 시점에 꽃을 피우면 종자 생산이 어려워질 것이다.

봄, 특히 너무 일찍 찾아온 '가짜 봄'이 유난히 문제다. 겨울을 난 성충들이 따뜻한 기운의 유혹을 받고 예정보다 일찍 나와 먹이를 찾아다니다가 다시 서리가 내리면 추위와 싸우고 먹이를 찾느라 고군분투한다. 곤충은 추위에 약하고 봄에는 달리 먹을 게 없기 때문이다.

* * *

많은 곤충이 기후 변화에 반응해 적응하려고 애쓴다. 때로는 종의 분포 영역이 전체적으로 이동하지만, 미처 변화의 속도를 따라가지 못하면 아예 분포 영역이 줄어든다. 잠자리나 나비의 경우, 많은 종이 덜 확산하고 북쪽으로 이동했음이 증명되었다. 다양한 잠자리 종의 색깔 도표를 그렸더니 특히 색이 어두운 종들이 남유럽에서 사라지고 날씨가 좀 더 시원한 동북쪽으로 피난했다는 결과가 나타났다. 호박벌을 예측한 결과에 따르면, 우리는 기후 변화의 결과로 2100년이면 유럽 호박벌 69종 중 10분의 1, 최악의 경우 절반을 잃을 것이다.

북쪽에서는 기후 변화로 잎을 먹는 애벌레들의 분포가 증가했는데, 그 결과 애벌레에게 뜯어 먹히는 자작나무 숲의 상황이 악화되었다. 지난 10년 동안 회색가을물결자나방autumnal moth과 근연종들이 출몰하면서 노르웨이 북부 핀마르크 주의 자작나무 숲이 상당한 피해를 입었다. 나방이 출몰하자 시스템 전체에 파급효과를 미쳐 먹이 조건, 식생, 동물의 삶이 모두 달라졌다.

나는 트롬쇠와 노르웨이생명과학대학의 연구자들과 함께 일하면서 회색가을물결자나방의 약탈이 다양한 곤충 집단에 어떤 식으로 영향을 미치는지를 보았다. 이들은 죽은 자작나무를 분해하여 영양소를 재순환하는 딱정벌레에 영향을 준다. 회색가을물결자나방의 공격으로 자작나무들이 단기간에 대량으로 죽었지만, 나무에 사는 딱정벌레가 그 속도를 따라갈 수 없었다. 이들은 먹이가 증가하는 비율에 맞춰 개체 수를 늘릴 수 없다. 우리는 이것이 장기적으로 어떤 결과를 낳을지 모른다. 이것이 핵심이다. 우리는 지속적인 온도 상승이 북쪽 생태계에 어떤 결과를 가져올지 알 수가 없다. 그러나 엄청난 변화일 것임은 틀림없다.

연구 분야 중 하나가 오래되고 속이 빈 참나무에 사는 곤충들이어서 나는 기후 변화가 거기에 사는 딱정벌레들에게 어떤 영향을 미칠지 궁금했다. 몇 년 전, 우리 연구 팀과 몇몇 스웨덴 과학자들은 남부 스웨덴과 북부 노르웨이 전 지역에 걸쳐 참나무에 사는 딱정벌레 군

세상에 나쁜 곤충은 없다

집을 대상으로 대형 데이터 세트를 비교했다. 이 참나무들은 서로 다른 기후에 분포하는데, 그 범위는 기온과 강수량 측면에서 기후 시나리오에서 예견되는 변화와 대략 일치했다. 우리는 이런 조건을 이용해 서로 다른 기후에서 나타나는 딱정벌레 군집의 차이점을 비교했다. 이를 통해 미래의 더 따뜻하고, 축축하고, 예측 불가능한 기후가 다양한 곤충 군집에 미칠 영향을 파악하고자 했다.

연구 결과 따뜻한 기후는 특정 서식처에 적응해 사는 고유한 종들에게 좋았다. 그러나 이 종들은 안타깝게도 강수량 증가에는 나쁘게 반응했다. 현재의 기후 변화가 이 특정 곤충들의 환경을 더 개선하지는 못한다는 뜻이다. 그러나 이 연구에서 어디서나 흔히 볼 수 있는 종들은 기후에 크게 반응하지 않았다.

이것으로 기후 변화는 물론 보편적으로 적용 가능한 패턴을 확인할 수 있다. 특정 지역에 고유하고 특별한 환경에 적응한 종들은 변화에 더 크게 어려움을 겪는다. 반면 흔한 종들은 큰 문제 없이 헤쳐 나간다. 즉, 희귀하고 독특한 종들은 그 수가 줄어들고 이미 충분히 흔한 극소수의 종들이 더 흔해질 거라는 의미이다. 이런 현상은 생태적 균질화로 알려져 있다. 어디에서나 동일한 종이 발견되고, 서로 다른 지리적 환경에서도 자연은 더욱 비슷해져간다.

9장 곤충 대 인간, 그다음은?

매해 우리는 곤충을 죽이기 위해 수많은 화학 물질을 사용한다. 농경지와 집, 정원에서 쓰는 살충제가 대표적이다.

많은 사람이 농업에서 집약적으로 사용하는 살충제의 해악을, 우리가 산업혁명을 거치며 꾸준히 늘어난 인구를 먹여 살리기 위해 지불해야 하는 비용이라고 생각한다. 반면 작물 생산량을 낮추더라도 좀 더 생태적으로 접근한 농업 관행으로 자연과 협업해야 한다고 주장하는 사람들도 있다.

이 책에서 이 쟁점을 논의하지는 못하겠지만, 적어도 살충제 네오니코티노이드neonicotinoid의 예상치 않은 해로운 효과에 관한 연구 결과가 많아지고 있다는 사실은 언급해야겠다. 광범위하게 사용되는 이 물질은 꿀벌 및 야생 벌의 방향 감각과 면역 방어에 영향을 미칠 뿐 아니라 아마도 벌 집단이 감소하는 원인 중 하나일 것이다.

* * *

인간은 최근에 해로운 곤충과의 전쟁에 사용할 완전히 새로운 무기를 얻었다. 이 무기는 유전자 조작, 특히 크리스퍼-카스9(CRISPR-Cas9)이라는 수수께끼 같은 이름으로 알려져 있다. 유전자를 원하는 대로 자를 수 있는 분자 가위로, 특정 유전자를 제거하거나 바꿰치기하여 생물체의 DNA를 변형하는 데 사용한다. 이 도구는 특정한 유전적 변화를 후손에게 빠르게 확산시키는 생명공학기법인 유전자 드라이브와 결합하여 사용할 수 있다.

말라리아는 작은 기생충이 일으킨다. 모기가 사람의 피를 빨아먹을 때 사람에서 사람으로 기생충을 옮긴다. 매년 50만 명이 말라리아로 죽고, 그중 대부분이 5세 미만이다. 그렇지만 살충제를 뿌린 방충망을 사용하는 등의 간단한 조치 덕분에 사망자 수가 15년 전보다 훨씬 줄어들었다. 이제 우리는 말라리아 모기를 완전히 박멸할 수 있는 도구를 얻었다. 암수 중 하나를 불임으로 만들거나, 모든 새끼가 하나의 성별만 가지게 만들어서 말이다.

노르웨이 바이오테크놀로지 자문 위원회는 다양한 포럼에서 이에 관해 시의적절한 의문을 제기했다. 우리가 자연 세계에 이 같은 도구를 감히 사용해도 될까, 아니면 마땅히 사용해야 할까. 우리는 이 도구를 사용한 결과에 대해 아는 바가 없다. 더구나 우리는 이것이 생태계에 가져올 연쇄 반응을 모른다. 한 종을 제거하더라도 다른 종이 끼어들어 질병 확산자의 자리를 넘겨받는다면 어떻게 될까? 모두가 짐작하겠지만, 일은 처음보다 더 악화될 수도 있다.

또 다른 질문은 이 도구가 원치 않는 돌연변이를 만들어내고 바람직하지 못한 결과를 가져올 수도 있다는 점이다. 이를테면 다른 생물에까지 불임이 퍼지는 끔찍한 시나리오가 기다리고 있다. 서두를 필요가 있음에도 우리는 더 조심스럽게 진행해야 한다. 심각한 질병을 퍼뜨리는 곤충의 유전자를 변형시키거나 모조리 쓸어버리는 새로운 유전자 기술을 사용하기 전에 최선을 다해 그 바람직하지 않은 결과에 대비해야 할 것이다.

<h2 style="text-align:center">• ———— 거인 호박벌의 최후 ———— •</h2>

우리 인간은 이 행성에서 많은 것을 바꾸어왔다. 수만 년 전 우리 선조들이 이 대륙 저 대륙을 휩쓸며 거대 동물 대부분을 말살한 것처럼, 어떤 일들은 되돌릴 수 없다. 그때 매머드, 검치고양이, 대형 늘보가 사라졌다. 잘은 모르지만 이 거대 동물과 여러 방식으로 연관된 곤충들도 함께 죽어나갔다.

다른 변화들은 훨씬 최근에 일어났다. 먼 바다를 항해하는 탐험가들은 고양이, 쥐, 그리고 그 밖의 포식성 포유류들을 데려다가 토종 생물들이 나름 잘 살고 있던 지역에 풀어놓았다. 천적이 없는 곳에서 살아온 토종들은 자신을 돌볼 기지가 없어 대개 곧 말살되었다.

우리는 계속해서 종들을 옮기고 있다. 때로는 의도치 않게, 때로는 대단히 고의적으로. 과수원과 온실에서 꽃가루받이를 개선하기 위해 남아메리카에 서양뒤영벌buff-tailed bumblebee을 들여왔다. 그러나 이 호박벌은 빠르게 퍼져서 마침내 토종 호박벌인 봄부스 다흘보미이Bombus dahlbomii를 쫓아냈다. 서양뒤영벌이 이 토종 거인이 상대할 수 없는 기생충을 갖고 있었던 것 같다. 봄부스 다흘보미이는 세계에서 가장 덩치가 큰 호박벌로, 호박벌 전문가인 데이브 굴손은 이 벌을 "어마무시하게 푹신한 적갈색 야수"라고 사랑스럽게 불렀다. 이 벌은 곧 영원히 사라질 것이다.

＊　＊　＊

그렇다면 고유 자생종을 위협하는 도입종들을 어떻게 해야 할까? 우리 사회는 이 크고 어렵고 중요한 문제를 함께 논의할 필요가 있다. 뉴질랜드에서처럼 결정이 강요될 때도 있다. 뉴질랜드 정부는 들쥐, 주머니쥐, 담비 말살 계획에 착수했다. 이 외래종들은 매년 대략 2500만 마리의 새를 죽인다.

많은 섬 국가들이 같은 문제로 몸살을 앓는다. 오스트레일리아의 사례가 이 어려움을 잘 예시한다. 이것은 한때 멸종했지만 다시 발견된 대벌레와, 이들을 멸종시켰던 (살아 있지만 곧 죽을 목숨인) 애급쥐black rat(곰쥐)에 관한 이야기다.

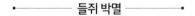

들쥐 박멸

1918년 6월 15일, 과일과 채소를 가득 싣고 가던 증기선 마캄보호가 태평양에서 멀리 떨어진 열대 섬인 로드하우 섬 가까이에서 좌초했다. 로드하우 섬은 오스트레일리아 동쪽의 외로운 섬으로, 소수의 거주민들이 본토에서 600킬로미터나 떨어져 살고 있었다. 난파 사고의 핵심은 이 전초기지의 마른 땅에 가까스로 도착한 들쥐에 있었다. 배를 고치는 9일 동안 수를 알 수 없는 애급쥐들이 해변에 도착해 섬에 발을 디뎠다.

로드하우 섬은 수백만 년 동안 대양의 한가운데에 고립되어 있었다. 따라서 지구상 어떤 곳에도 존재하지 않는 고유종들이 발달했다. 그러나 들쥐들은 얌전히 해변에 머물러 있지 않았다. 앞에서 말한 배고픈 애벌레 이야기가 생각나는가?(27쪽 참조) 월요일에는 사과 하나 먹고, 화요일에는 배 두 개 먹고, 마침내 한 주가 끝날 때까지 오렌지, 소시지, 아이스크림, 초콜릿 케이크를 먹고 나비가 된 녀석. 바로 로드하우 섬에서 쥐들이 그렇게 했다. 유일하게 다른 일이라면 섬의 고유종을 차례차례 먹어 치웠다는 점이다. 쥐들은 도착 후 몇 년 만에 세계 어디에서도 찾아볼 수 없는 적어도 5종의 새와 13종의 작은 동물을 끝장냈다.

그 작은 생물 중 하나가 거대한 대벌레였다. 마른 잔가지처럼 생긴 가늘고 연한 갈색의 이 곤충은 여느 대벌레와는 달랐다. 세상에서 가장 무거운, 아주 특별한 대벌레였다. 커다란 바비큐 소시지 크기에 색이 짙고 날개가 없으며 '나무 랍스터'라는 별명이 꽤 어울렸다. 혹시 알고 싶을까 봐 말하면 이 로드하우대벌레의 학명은 드리오코켈루

세상에 나쁜 곤충은 없다

스 아우스트랄리스*Dryococelus australis*다. 이 곤충은 배고픈 들쥐에게
든든한 끼니였던 것 같다. 쥐가 상륙한 지 2년 만인 1920년에 멸종이
선언되었다. 2년 전 조난 사고의 뒤늦은 피해자인 셈이다.

그러나 이 이야기는 기대하지 않은 방향으로 흘러갔다. 이 전초
기지에 딸린 전초기지가 있었다. 로드하우 섬에서 20킬로미터 떨어
진 곳에 위치한 볼스 피라미드라는 시스택sea stack(암석이 파도에 침식
되어 형성된 굴뚝 모양의 지형 — 옮긴이)이었다. 런던의 고층 건물인 샤
드보다 2배 가까이 높은 거대한 화산 지형이 몇 년 동안 모험심 강한
등반가들을 유혹했다. 그러나 1982년에 로드하우 섬과 함께 세계 유
산의 지위를 획득한 이래로 과학 연구 팀의 방문만 허용되었다. 그런
데 이 시기에 볼스 피라미드에 '나무 랍스터'가 살고 있다는 소문이
돌기 시작했다. 갑자기 곤충에 과도한 흥미를 느낀 등반 원정대들이
이 희귀한 대벌레를 찾겠다는 명목하에 끝도 없이 등반 허가를 신청
했다. 곤충 연구를 가장한 등반 허가 신청을 평가하는 데 지친 관리
자가 마침내 소문을 불식하기로 했다.

그래서 2001년에 2명의 과학자와 2명의 보조 연구원이 볼스 피
라미드로 가서 암벽을 등반했다. 이들은 나무 랍스터를 한 마리도 보
지 못했다. 그러나 내려오는 길에 곤충에게 뜯어 먹힌 듯한 작은 덤
불을 발견했다. 바위틈에 끼어 자라는 이 식물 밑에는 신선해 보이는
제법 큰 배설물이 있었다. 이들은 주위를 열심히 탐색했지만 살아 있
는 나뭇가지는 하나도 보이지 않았으므로 남은 일은 한 가지밖에 없

었다. 원정대는 밤에 다시 등반을 시도했다. 세계에서 제일 큰 대벌레는 야행성으로 알려졌기 때문이다. 헤드랜턴과 카메라를 장착하고 바위에 오른 원정대는 백일몽을 경험했다. 믿을 수 없게도 거기, 바위 전체에서 유일한 식물이나 다름없는 덤불 한가운데에 24마리의 거대한 검은색 대벌레가 그들을 쳐다보며 앉아 있었다.

1920년, 멸종하기 얼마 전에 어떻게 이들이 로드하우 섬의 시스택으로 갈 수 있었는지는 아무도 모른다. 날거나 헤엄치지 못하는 동물에게 열린 바다 건너 20킬로미터의 여행은 상당한 도전이다. 가장 가능성 있는 가설은 새 또는 물에 떠다니는 식생에 알이나 임신한 암컷이 무임승차한 후 풀과 나무라고는 거의 없는 척박한 시스택에 적어도 80년을 살면서 가까스로 목숨을 부지해왔다는 것이다.

연구자들이 이후 관료주의와 어떻게 싸웠는지는 길게 이야기하지 않겠다. 2년 동안 서류를 돌린 끝에 마침내 볼스 피라미드에서 암컷과 수컷을 두 마리씩 데려와 번식 프로그램을 시작해도 된다는 허가를 받았다. 그들 중 아담과 이브라고 이름 붙인 두 마리는 구사일생으로 살아남았고, 이제는 유럽을 비롯한 여러 동물원에서 건강한 로드하우대벌레를 발견할 수 있다. 그러나 다음에 나머지 대벌레들이 원래 속해 있던 로드하우 섬으로 돌아오는 일이 문제가 되었다. 덤불 하나뿐인 볼스 피라미드는 야생에서 생활하는 대벌레가 영구적으로 살아갈 보금자리로는 적합하지 않았다. 그러나 로드하우 섬에는 여전히 애급쥐들이 활보했다. 쥐를 소탕하지 않으면 대벌레를 다시 들여오는 일도 아무 의미가 없다. 대벌레들만 쥐들이 죽어 나가는 것을 기쁘게 바라보지는 않을 것이다. 13종의 새와 2종의 파충류도 이 쥐 때문에 멸종에 직면했기 때문이다. 그래서 오스트레일리아 정부는 들쥐 소탕 계획을 세우고 있다. 극단적인 조치다. 헬리콥터로 독약이 든 42톤의 곡물을 섬 전체에 뿌릴 계획이니 말이다.

물론 간단한 문제가 아니다. 우선 들쥐 외의 다른 짐승들이 독이 든 곡식을 먹고 죽을 수도 있다. 사람들이 구하려는 바로 그 새들을 포함해서. 그래서 귀중한 조류 대부분을 일종의 노아의 방주에 임시로 가두었다가 일이 끝나고 독을 청소한 다음 다시 방출할 생각이다. 그러나 이것이 새들의 유전 다양성에 어떤 결과를 가져올 것인가? 어차피 모든 개체를 다 잡는 것은 불가능할 테니 말이다.

그리고 어떤 사람들은 이런 걱정도 한다. 이 섬에는 겨우 350명이 거주하는데, 이들 중 누구도 독이 든 아침 시리얼 소나기를 맞고 싶어 하지 않는다. 비록 당국이 어떤 독극물도 집 근처에는 살포하지 않을 것이라고 안심시켜도 말이다. 크고 검은 대벌레를 혐오하는 이들은 이 곤충을 애급쥐만큼이나 보호할 가치가 없다고 생각할 것이다. 보전생물학은 우리가 보전하려는 종 못지않게 인간의 생각과 감정을 고려해야 한다.

여러 면에서 자연은 강건하고 언제나 적응한다. 인간이 새로운 기회를 창조하는 곳에서 새로운 종이 나타난다. 런던의 땅속 깊이 지하철이 지나가는 거칠고 축축한 터널이 매우 특이한 어느 모기의 보금자리가 된 것처럼. 이 모기는 빨간집모기*Culex pipiens*의 한 종으로, 도시 지역에서 가장 흔한 흡혈 모기지만 지하집모기*Culex pipiens molestus*라는 특별한 유전적 형태로 발달했다('molestus'는 '골칫덩어리'라는 뜻이다). 이 모기는 더 이상 한낮의 빛이 있는 위쪽에서 생활하는 다른 모기 친척들과 교배하여 자손을 생산할 수 없다. 과거 언젠가, 아마도 런던 지하철이 건설된 1863년에 암모기 몇 마리가 이 깊은 곳으로 들어왔고, 이후로 런던 지하철 모기는 이 아래에 눌러앉아 수백 세대를 살았을 것이다.

이 모기는 제2차 세계대전 중 영국 대공습 시기에 피난처를 찾아 지하로 들어온 사람들의 짜증을 유발하는 원인이 되면서 악명이 높아졌다. 노루, 여우, 박쥐, 딱따구리, 새매, 육지거북, 큰갈기영원great crested newt 등이 모두 지하 터널에서 발견된 적이 있지만, 런던 지하철 모기의 가장 큰 벗은 들쥐와 생쥐들이었다.

유전자 분석을 했더니 모기의 DNA가 지하철 노선과 역에 따라 다양하게 나타났다. 서로 짝짓기하지 못할 정도는 아니지만, 피카딜리 라인의 모기는 센트럴 라인의 모기와 다르다. 그러므로 가장 신

빙성 있는 이론은 이 모기들이 모두 150년 전 대담했던 선조들의 후손이라는 것이다.

모기가 불과 150년 만에 새로운 유전 형태로 발달했다면, 이 모기들은 개체군이 완전히 격리된 상태에서 진화가 때로 얼마나 빠르게 작업에 들어가는지를 보여주는 예가 될 것이다. 다윈은 새로운 종이 되려면 수십만 세대까지는 아니어도 수천 세대는 지나야 한다고 예상했다. 1859년에 『종의 기원On the Origin of Species』을 출간한 그가 런던 변두리에 있는 집 안에 앉아 이 생각을 하는 동안 그의 발밑에서 번개처럼 빠른 진화가 시작되었을 거라는 사실은 신기하다.

고의든 아니든 인간이 종을 이동시킨 결과로 미래에는 종이 새롭고 빠르게 형성되는 예가 더 많아질지도 모른다. 사과과실파리North American fly, *Rhagoletis pomonella*는 유럽에서 미국으로 사과가 도착하기 전에 산사나무에서 만족스럽게 살고 있었다. 이제 이 파리는 두 가지 유전 형태를 지닌다. 하나는 산사나무 열매만, 다른 하나는 사과만 먹고 산다. 불과 몇백 년 사이에 한 종이 두 종이 되고 있다. 이 파리에 사는 기생충조차 두 종으로 갈라지고 있다. 하나는 산사나무 열매를, 다른 하나는 사과를 먹는 유충의 기생충으로.

* * *

새로운 곤충이 나타나고 다른 것들이 죽어나갈 때, 그 영향은 어떤 종이 변했는지에 따라 달라진다. 지금까지 이 책에서 보여준 것처럼 곤충들은 자연에서 각기 다른 과제를 수행하기 때문이다. 게다가 모든 개별 곤충은 기발하게 적응된 상호관계를 통해 다른 종들과 서로 연결되어 있다. 이것이 자연이 우리에게 제공하는 모든 상품과 서비스의 기초다.

우리 인간은 오랫동안 곤충의 서비스를 당연하게 여겨왔다. 집약적 토지 사용, 기후 변화, 살충제, 침입종을 통해 우리는 환경을 너무 빨리 바꿔왔고, 그래서 자연의 놀라운 적응력에도 곤충들은 지금까지 해왔던 것처럼 생활하는 데 어려움을 겪을 것이다. 그러므로 지극히 인간중심적인 관점에서 보더라도 우리는 이들의 건강과 안녕에 신경 써야 한다. 곤충을 보살피는 행위는 아이들과 손주들을 위한 일종의 생명 보험이다.

1초만 정신을 차리고 생각해도 이것이 단순히 유용성이라는 가치 이상이 있음을 알 것이다. 우리가 아는 한 이 행성은 우주에서 생명이 있는 유일한 장소다. 많은 이가 우리 인간이 지구에 대한 지배를 통제하고 우리의 수백만 생물 동료들에게 작고 경이로운 삶을 살아갈 기회를 부여할 도덕적 의무가 있다고 말할 것이다.

맺음말

아득히 먼 옛날의 어느 시점에는 인간과 곤충의 조상이 같았다. 곤충이 인간보다 수억 년 먼저 나타났지만 우리는 좋았던 시절과 힘들었던 시절의 오랜 역사를 공유했다. 우리에게 곤충들이 필요하다는 사실은 의심의 여지가 없다. 하버드대학교 교수 에드워드 윌슨은 이렇게 썼다. "진실은, 우리는 무척추동물이 필요하지만 그들에게는 우리가 필요하지 않다는 데 있다. 인간이 당장 내일 사라진다고 해도 세상은 거의 변화를 겪지 않을 것이다. …… 그러나 무척추동물이 사라진다면 인간이 불과 몇 달이나마 버틸 수 있을지 의심스럽다."

이 말은 우리가 곤충에 조금만 더 신경을 쓴다면 모든 것을 얻을 수 있다는 뜻이다. 나는 지식과 긍정적인 말, 그리고 열정을 믿는다. 곤충에게 호기심을 품자. 시간을 내서 보고 배우자. 아이들에게 곤충의 신기하고 유용한 점들을 가르치자. 곤충에 대해 친절하게 말하자. 꽃을 찾는 방문객들을 위한 뒤뜰을 꾸미자. 토지 이용 계획과 공식 보고서, 농업 규제와 주 예산에서 곤충을 의제로 삼자. 아름다운 나비를 즐기자. 이 작은 생물들이 어울려 살아가는 신기한 모습에 감탄하고, 곤충이 우리를 대신해 일하는 것에 감사하자.

곤충은 이상하고 복잡하고 웃기고 희한하고 재밌고 매력적이고 독특하고 언제나 우리를 놀라게 한다. 한 캐나다 곤충학자는 이렇게 말했다. "세계는 작은 경이로 가득 차 있다. 그러나 그것을 보는 눈은 부족하다." 이 책을 읽고 많은 사람이 신기하고 놀라운 곤충들의 세계에 눈을 뜨길 바란다. 우리가 함께 쓰는 이 행성에서 우리와 함께 살아가는 그들의 놀랍도록 작은 삶에 대해서도 말이다.

감사의 말

나는 몇 년 동안 곤충 및 관련 사안에 관해 많은 토론을 해왔다. 노르웨이생명과학대학의 내 환상적인 동료 톤 버크모의 변함없는 열정, 그와 나눈 생산적인 대화, 그리고 이 책에 대한 의견에 감사한다. 노르웨이생명과학대학의 다른 일원들에게도 세 번의 감사를 보낸다. 이들 모두 곤충에 대해 좋게 말하고 작업 환경을 재밌게 만드는 것을 도와주었다. 하늘과 땅 사이의 모든 것에 관해 고무적인 대화를 나눈 노르웨이자연연구소NINA(나는 아직도 이곳에서 파트타임으로 일하는 즐거움을 누리고 있다)의 옛 동료들, 그리고 전 연구 책임자 에릭 프램스타드에게 감사한다.

내 가족들에게도 감사한다. 직계 가족은 물론 먼 친척들에게도 감사드린다. 부모님은 자연에서 움직이는 모든 것에 호기심을 가지라고 가르치셨다. 어머니는 내가 지난 몇 년 동안 사람들과 주고받은 모든 생각을 읽고 듣고 지켜보고 격려해주셨다. 사랑하는 세틸의 인내, 그리고 늦은 밤에 글쓰고 있을 때면 그가 가져다주었던 차와 버터 바른 바삭한 빵에 감사한다. 우리가 함께한 모든 즐거움에 대해 아이들인 시멘, 투바, 카리네에게 감사한다. 특히 이 책을 날카로운 눈으로 봐주고 책의 삽화를 그려준 투바에게 특별히 감사한다.

나는 정말 즐겁게 이 책을 썼다. 노르웨이 출판사 J. M. 스테너슨스 포래그와 편집자 솔베이 외위에, 그리고 스틸턴 리터러리 에이전시의 내 담당 에이전트인 한스 페터 바케테이에게 이렇게 감사드린다. 당신들의 긍정적인 생각에 감사합니다. 그렇게 저를 신경 써주셔서 고마웠어요. 모든 번역가와 외국 출판사들에도 감사합니다. 당신들과 함께 일하는 것이 정말 즐거웠습니다.

마지막으로, 노르웨이 논픽션 작가 및 번역가 협회의 논픽션 기금의 후원에도 감사드린다.

삽화 목록

Illustrations ⓒ Carim Nahaboo 2019

황금반지잠자리*Cordulegaster boltonii* 42쪽

인도대벌레*Necroscia sparaxes* 60쪽

매미를 잡아먹는 점박이베짱이*Chlorobalius leucoviridis* 84쪽

잎꾼개미의 일개미 109쪽

단생 벌 134쪽

톱질꾼하늘소*Prionus coriarius*(산란 중인 성충과 유충), 유럽사슴벌레*Lucanus cer-vus*(바닥의 큰 유충), 장미풍뎅이*Cetonia aurata*(유럽사슴벌레 유충 위에 있는 유충), 거저리*Tenebrionidae*(오른쪽 위에 있는 유충) 154쪽

춤파리*Empis tessellata* 184쪽

제왕나비*Danaus plexippus* 236쪽

더 읽을거리

이 책들은 평소에 그리고 이 책을 쓰는 동안 나에게 큰 즐거움과 영감을 주었다. 곤충의 환상적인 세계를 더 깊이 파고들고 싶은 독자에게 이 책들을 권한다.

Berenbaum, M. R. (2005). 『살아 있는 모든 것의 정복자 곤충』. 윤소영 옮김. 서울: 다른세상. (원서 출판 1995).

Goulson, Dave. (2013). *A Sting in the Tale*. London: Jonathan Cape.

_____. (2014). *A Buzz in the Meadow*. London: Jonathan Cape.

_____. (2017). *Bee Quest*. London: Jonathan Cape..

McAlister, Erica. (2017). *The Secret Life of Flies*. London: Natural History Museum.

Richard Jones, Richard. (2017). *Call of Nature: The Secret Life of Dung*. Exeter: Pelagic Publishing.

Shaw, Scott R. (2015). 『곤충 연대기: 곤충은 어떻게 지구를 정복했는가』. 양병찬 옮김. 서울: 행성B이오스. (원서 출판 2014).

Zuk, Marlene. (2011). *Sex on Six Legs: Lessons on Life, Love, and Language from the Insect World*. Boston: Houghton Mifflin Harcourt.

참고 문헌

서문 : 곤충의 행성, 지구

Andersen, T., Baranov, V., Hagenlund, L.K. et al. 'Blind Flight? A New Troglobiotic Orthoclad (Diptera, Chironomidae) from the Lukina Jama Trojama Cave in Croatia', *PLOS ONE* 11 (2016), e0152884.

Artsdatabanken. 'Hvor mange arter finnes i Norge?' sourced in 2017 from https://www.artsdatabanken.no/Pages/205713.

Baust, J. G. & Lee, R. E. 'Multiple Stress Tolerance in an Antarctic Terrestrial Arthropod: *Belgica antarctica*', *Cryobiology* 24 (1987), pp. 140-7.

Berenbaum, M. B. *Bugs in the System*, Addison-Wesley, Reading, Massachusetts, 1995.

Bishopp, F. C. 'Domestic Mosquitoes', US Department of Agriculture, Leaflet No. 186 (1939).

Fang, J. 'Ecology: A World Without Mosquitoes', *Nature* 466 (2010), pp. 432-4.

Guinness World Records. 'Largest Species of beetle', from http://www. guinnessworldrecords.com/world-records/ largest-species-of-beetle/ (2017).

Huber, J. T. & Noyes, J. 'A New Genus and Species of Fairyfly, *Tinkerbella nana*(Hymenoptera, Mymaridae), with Comments on its Sister Genus *Kikiki*, and Discussion on Small Size Limits in Arthropods', *Journal of Hymenoptera Research* 32 (2013), pp. 17-44.

Kadavy, D. R., Myatt, J., Plantz, B. A. et al. 'Microbiology of the Oil Fly, *Helaeomyia petrolei*', *Applied and Environmental Microbiology* 65 (1999), pp. 1477-82.

Kelley, J. L., Peyton, J. T., Fiston-Lavier, A.-S. et al. 'Compact Genome of the Antarctic Midge Is Likely an Adaptation to an Extreme Environment', *Nature Communications* 5 (2014), Article No. 4611.

Knapp, F. W. 'Arthropod Pests of Horses', in Williams, R. E., Hall, R. D., Broce, A. B. & Scholl, P. J. (Eds): *Livestock Entomology*. Wiley, New York (1985), pp. 297-322.

Leonardi, M. & Palma, R. 'Review of the Systematics, Biology and Ecology of Lice from Pinnipeds and River Otters (Insecta: Phthiraptera: Anoplura: Echinophthiriidae)', *Zootaxa*, 3630(3) (2013), pp. 445-66.

Misof, B., Liu, S., Meusemann, K. et al. 'Phylogenomics Resolves the Timing and Pattern of Insect Evolution'. *Science* 346 (2014), pp. 763-7.

Nesbitt, S. J., Barrett, P. M., Werning, S. et al. 'The Oldest Dinosaur? A Middle Triassic Dinosauriform from Tanzania', *Biology Letters* 9 (2013).

Shaw, S. R. *Planet of the Bugs. Evolution and the Rise of Insects*. University of Chicago Press, Chicago (2014).

Xinhuanet. 'World's Longest Insect Discovered in China', sourced in 2017 from http://news.xinhuanet.com/english/ 2016-05/05/c_135336786.htm (2016).

세상에 나쁜 곤충은 없다

Zuk, M. *Sex on Six Legs: Lessons on Life, Love, and Language from the Insect World*, Houghton Mifflin Harcourt, 2011.

1장 — 미물 설계도: 곤충 해부학 특강

Alem, S., Perry, C. J., Zhu, X. et al. 'Associative Mechanisms Allow for Social Learning and Cultural Transmission of String Pulling in an Insect', *PLOS Biology* 14 (2016), e1002564.

Arikawa, K. 'Hindsight of Butterflies', *BioScience* 51 (2001), pp. 219-25.

Arikawa, K., Eguchi, E., Yoshida, A. & Aoki, K. 'Multiple Extraocular Photoreceptive Areas on Genitalia of Butterfly Papilio xuthus', *Nature* 288 (1980), pp. 700-2.

Avargus-Weber, A., Portelli, G., Benard, J. et al. 'Configural Processing Enables Discrimination and Categorization of Face-Like Stimuli in Honeybees', *The Journal of Experimental Biology* 213 (2010), pp. 593-601.

Caro, T. M. & Hauser, M. D. 'Is There Teaching in Non human Animals?' *The Quarterly Review of Biology* 67 (1992), pp. 151-74.

Chapman, A. D. *Numbers of Living Species in Australia and the World* (2nd ed.), Canberra, 2009.

Dacke, M. & Srinivasan, M. V. 'Evidence for Counting in Insects', *Animal Cognition* 11 (2008), pp. 683-9.

Darwin, C. *Charles Darwin's Beagle Diary* (1834), sourced in 2017 from http://darwinbeagle.blogspot.no/2009/09/17thseptember-1834.html

Darwin, C. *The Descent of Man, and Selection in Relation to Sex*. J. Murray, London, 1871.

Elven, H. & Aarvik, L. 'Insekter Insecta', sourced in 2017 from Artsdata-banken https://artsdatabanken.no/Pages/135656 (2017).

Falck, M. 'La vevkjerringene veve videre', *Insektnytt* 29 (2004), pp. 57-60.

Franks, N. R. & Richardson, T. 'Teaching in Tandem-Running Ants', *Nature* 439 (2006), p. 153.

Frye, M. A. 'Visual Attention: A Cell that Focuses on One Object at a Time'. *Current Biology* 23 (2013), R61-3.

Gonzalez-Bellido, P. T., Peng, H., Yang, J. et al. 'Eight Pairs of Descending Visual Neurons in the Dragonfly Give Wing Motor Centers Accurate Population Vector of Prey Direction', *Proceedings of the National Academy of Sciences* 110 (2013), pp. 696-701.

Gopfert, M. C., Surlykke, A. & Wasserthal, L. T. 'Tympanal and Atympanal Mouth-Ears in Hawkmoths (Sphingidae)'. *Proc Biol Sci* 269 (2002), pp. 89-95.

Jabr, F. 'How Did Insect Metamorphosis Evolve?' Sourced in 2017 from https://www.scienti camerican.com/article/ insect-metamorpho-sis-evolution/ (2012).

Leadbeater, E. & Chittka, L. 'Social Learning in Insects From Miniature Brains to Consensus Building', *Current Biology* 17 (2007), R703-R713.

Minnich, D. E. 'The Chemical Sensitivity of the Legs of the Blowfly, *Calliphora vomitoria* Linn., to Various Sugars', *Zeitschrift fur vergleichende Physiologie* 11 (1929), pp. 1-55.

Montealegre-Z., F., Jonsson, T., Robson-Brown, K. A. et al. 'Convergent Evolution Between Insect and Mammalian Audition', *Science* 338 (2012), pp. 968-71.

세상에 나쁜 곤충은 없다

Munz, T. *The Dancing Bees: Karl von Frisch and the Discovery of the Honey-bee Language*, The University of Chicago, 2016.

'Eremitten yttes tilåpen soning'. Press. NINA. Sourced in 2017 from http://www.nina.no/english/News/News-article/ArticleId/4321 (2017).

Ranius, T. & Hedin, J. 'The Dispersal Rate of a Beetle, Osmoderma eremita, Living in Tree Hollows', *Oecologia* 126 (2001), pp. 363-70.

Shuker, K. P. N. *The Hidden Powers of Animals: Uncovering the Secrets of Nature*, Marshall Editions Ltd., London, 2001.

Tibbetts, E. A. 'Visual Signals of Individual Identity in the Wasp *Polistes fuscatus*', *Proceedings of the Royal Society of London. Series B: Biological Sciences* 269 (2002), pp. 1423-8.

2장 — 곤충의 섹스: 연애, 짝짓기, 부모 되기

Banerjee, S., Coussens, N. P., Gallat, F. X. et al. 'Structure of a Heterogeneous, Glycosylated, Lipid-Bound, in Vivo- Grown Protein Crystal at Atomic Resolution from the Viviparous Cockroach *Diploptera punctate*', *IUCrJ* 3 (2016), pp. 282-93.

Birch, J. & Okasha, S. 'Kin Selection and Its Critics', *BioScience* 65 (2015), pp. 22-32.

Boos, S., Meunier, J., Pichon, S. & Kölliker, M. 'Maternal Care Provides Antifungal Protection to Eggs in the European Earwig', *Behavioral Ecology* 25 (2014), pp. 754-61.

Borror, D. J., Triplehorn, C. A. & Johnson, N. F. *An Introduction to the Study of Insects*, Saunders College Pub, Philadelphia, 1989.

Brian, M. B. *Production Ecology of Ants and Termites*, Cambridge University Press, 1978.

Eady, P. E. & Brown, D. V. 'Male-female Interactions Drive the (Un)repeatability of Copula Duration in an Insect', *Royal Society Open Science* 4 (2017), 160962.

Eberhard, W. G. 'Copulatory Courtship and Cryptic Female Choice in Insects', *Biological Reviews* 66 (1991), pp. 1-31.

Fedina, T. Y. 'Cryptic Female Choice during Spermatophore Transfer in *Tribolium castaneum* (Coleoptera: Tenebrionidae)', *Journal of Insect Physiology* 53 (2007), pp. 93-98.

Fleming, N. 'Which Life Form Dominates on Earth?' Sourced in 2017 from http://www.bbc.com/earth/story/20150211-whats-the-most-dominant-life-form (2015).

Folkehelseinstituttet. 'Hjortelusflue', sourced in 2017 from https://www.fhi.no/nettpub/skadedyrveilederen/fluerog-mygg/hjortelusflue-/ (2015).

Hamill, J. 'What a Buzz Kill: Male Bees' Testicles EXPLODE When They Reach Orgasm', sourced in 2017 from https://www.thesun.co.uk/news/1926328/male-bees-testiclesexplode-when-they-reach-orgasm/ (2016)

Lawrence, S. E. 'Sexual Cannibalism in the Praying Mantid, Mantis religiosa : A Field Study', *Animal Behaviour* 43 (1992), pp. 569-83.

Lüpold, S., Manier, M. K., Puniamoorthy, N. et al. 'How Sexual Selection Can Drive the Evolution of Costly Sperm Ornamentation', *Nature* (2016), pp. 533-5.

Maderspacher, F. 'All the Queen's Men', *Current Biology* 17 (2007), R191–R195.

Nowak, M. A., Tarnita, C. E. & Wilson, E. O. 'The Evolution of Eusociality', *Nature* 466 (2010), pp. 1057–62.

Pitnick, S., Spicer, G. S. & Markow, T. A. 'How Long Is a Giant Sperm?' *Nature* 375 (1995), p. 109.

Schwartz, S. K., Wagner, W. E. & Hebets, E. A. 'Spontaneous Male Death and Monogyny in the Dark Fishing Spider', *Biology Letters* 9 (2013).

Shepard, M., Waddil, V. & Kloft, W. 'Biology of the Predaceous Earwig Labidura riparia (Dermaptera: Labiduridae)', *Annals of the Entomological Society of America* 66 (1973), pp. 837–41.

Sivinski, J. 'Intrasexual Aggression in the Stick Insects Diapheromera veliei and D. Covilleae and Sexual Dimorphism in the Phasmatodea', Psyche 85 (1978), pp. 395–405.

Williford, A., Stay, B. & Bhattacharya, D. 'Evolution of a Novel Function: Nutritive Milk in the Viviparous Cockroach, Diploptera punctate', *Evolution & Development* 6 (2004), pp. 67–77.

3장 — 먹느냐 먹히느냐: 곤충의 먹이사슬

Britten, K. H., Thatcher, T. D. & Caro, T. 'Zebras and Biting Flies: Quantitative Analysis of Reflected Light from Zebra Coats in Their Natural Habitat', *PLOS ONE* 11 (2016), e0154504.

Caro, T., Izzo, A., Reiner Jr., R. C. et al. 'The Function of Zebra Stripes', *Nature Communications* 5 (2014), 3535.

Caro, T. & Stankowich, T. 'Concordance on Zebra Stripes: A Comment on Larison et al. *Royal Society Open Science* 2 (2015).

Darwin, C. Darwin Correspondence Project. Sourced in 2017 from http:// www.darwinproject.ac.uk/letter/DCPLETT-2814.xml (1860).

Dheilly, N. M., Maure, F., Ravallec, M. et al. 'Who Is the Puppet Master? Replication of a Parasitic Wasp-Associated Virus Correlates with Host Behaviour Manipulation', *Proceedings of the Royal Society B: Biological Sciences* 282 (2015).

Eberhard, W. G. 'The Natural History and Behavior of the Bolas Spider Mastophora dizzydeani SP. n. (Araneidae)', *Psyche* 87 (1980), pp. 143-169.

Haynes, K. F., Gemeno, C., Yeargan, K. V. et al. 'Aggressive Chemical Mimicry of Moth Pheromones by a Bolas Spider: How Does This Specialist Predator Attract More Than One Species of Prey?', *Chemoecology* 12 (2002), pp. 99-105.

Larison, B., Harrigan, R. J., Thomassen, H. A. et al. 'How the Zebra Got its Stripes: A Problem with Too Many Solutions', *Royal Society Open Science* 2 (2015).

Libersat, F. & Gal, R. 'What Can Parasitoid Wasps Teach us about Decision-Making in Insects?' *Journal of Experimental Biology* 216 (2013), pp. 47-55.

Marshall, D. C. & Hill, K. B. R. 'Versatile Aggressive Mimicry of Cicadas by an Australian Predatory Katydid', *PLOS ONE* 4 (2009), e4185.

Melin, A. D., Kline, D. W., Hiramatsu, C. & Caro, T. 'Zebra Stripes Through the Eyes of their Predators, Zebras, and Humans', *PLOS ONE* 11 (2016), e0145679.

Yeargan, K. V. 'Biology of Bolas Spiders', *Annual Review of Entomology* 39 (1994), pp. 81-99.

4장 — 곤충과 식물: 끝나지 않는 경주

Babikova, Z., Gilbert, L., Bruce, T. J. A. et al. 'Underground Signals Carried Through Common Mycelial Networks Warn Neighbouring Plants of Aphid Attack', *Ecology Letters* 16 (2013), pp. 835-43.

Barbero, F., Patricelli, D., Witek, M. et al. 'Myrmica Ants and Their Butterfly Parasites with Special Focus on the Acoustic Communication', *Psyche* 2012: 11 (2012).

Dangles, O. & Casas, J. 'The Bee and the Turtle: A Fable from Yasun National Park', *Frontiers in Ecology and the Environment* 10 (2012), pp. 446-7.

de la Rosa, C. L. 'Additional Observations of Lachryphagous Butterflies and Bees', *Frontiers in Ecology and the Environment* 12 (2014), p. 210.

Department of Agriculture and Fisheries, B. Q. 'The Prickly Pear Story', sourced in 2017 from https://www.daf.qld.gov.au/__data/assets/pdf_ le/0014/55301/IPA-Prickly-Pear-Story- PP62.pdf (2016).

Ekblom, R. 'Smörbolls ugornas fantastiska värld', *Fauna och Flora* 102 (2007) pp. 20-22.

Evans, T. A., Dawes, T. Z., Ward, P. R. & Lo, N. 'Ants and Termites Increase Crop Yield in a Dry Climate', *Nature Communications* 2: (2011), Article No. 262.

Grinath, J. B., Inouye, B. D. & Underwood, N. 'Bears Benefit Plants Via a Cascade with both Antagonistic and Mutualistic Interactions', *Ecology Letters* 18 (2015), pp. 164-73.

Hansen, L. O. *Pollinerende insekter i Maridalen*. Årsskrift. 132 pages, Maridalens Venner, 2015.

Hölldobler, B. & Wilson, E. O. *Journey to the Ants: A Story of Scientific Exploration*, Belknap Press of Harvard University Press, Cambridge, Massachusetts, 1994.

Lengyel, S., Gove, A. D., Latimer, A. M. et al. 'Convergent Evolution of Seed Dispersal by Ants, and Phylogeny and Biogeography in Flowering Plants: A Global Survey', *Perspectives in Plant Ecology Evolution and Systematics* 12 (2010), pp. 43-55.

McAlister, E. *The Secret Life of Flies*. Natural History Museum, London, 2017.

Midgley, J. J., White, J. D. M., Johnson, S. D. & Bronner, G. N. 'Faecal Mimicry by Seeds Ensures Dispersal by Dung Beetles', *Nature Plants* 1 (2015), 15141.

Moffett, M. W. *Adventures Among Ants. A Global Safari with a Cast of Trillions*, University of California Press, 2010.

Nedham, J. *Science and Civilisation in China. Volume 6, Biology and Biological Technology: Part 1: Botany*, Cambridge University Press, Cambridge, UK, 1986.

Oliver, T. H., Mashanova, A., Leather, S. R. et al. *Ant semiochemicals limit apterous aphid dispersal. Proceedings of the Royal Society B: Biological Sciences* 274 (2007), pp. 3127-31.

Patricelli, D., Barbero, F., Occhipinti, A. et al. 'Plant Defences Against Ants

Provide a Pathway to Social Parasitism in Butterflies', *Proceedings of the Royal Society B: Biological Sciences* 282 (2015), 20151111.

Simard, S. W., Perry, D. A., Jones, M. D. et al. 'Net Transfer of Carbon between Ectomycorrhizal Tree Species in the Field', *Nature* 388 (1997), pp. 579-82.

Stiling, P., Moon, D. & Gordon, D. 'Endangered Cactus Restoration: Mitigating the Non-Target Effects of a Biological Control Agent (*Cactoblastis cactorum*) in Florida', *Restoration Ecology* 12 (2004), pp. 605-10.

Stockan, J. A. & Robinson, E. J. H. (Eds). *Wood Ant Ecology and Conservation. Ecology, Biodiversity and Conservation*, Cambridge University Press, Cambridge, 2016.

Wardle, D. A., Hyodo, F., Bardgett, R. D. et al. 'Long-term Aboveground and Belowground Consequences of Red Wood Ant Exclusion in Boreal Forest', *Ecology* 92 (2011), 645-56.

Warren, R. J. & Giladi, I. 'Ant-Mediated Seed Dispersal: A Few Ant Species (Hymenoptera: Formicidae) Benefit many Plants', *Myrmecological News* 20 (2014), pp. 129-40.

Zimmermann, H. G., Moran, V. C. & Hoffmann, J. H. 'The Renowned Cactus Moth, *Cactoblastis cactorum* (Lepidoptera: Pyralidae): Its Natural History and Threat to Native *Opuntia* Floras in Mexico and the United States of America', *Florida Entomologist* 84 (2001) pp. 543-51.

5장 — 바쁜 벌레와 맛있는 벌레: 곤충과 식량

Bartomeus, I., Potts, S. G., Steffan-Dewenter, I. et al. 'Contribution of Insect

Pollinators to Crop Yield and Quality Varies with Agricultural Intensification', *PeerJ* 2 (2014), e328.

Crittenden, A. N. 'The Importance of Honey Consumption in Human Evolution', *Food and Foodways* 19 (2011), pp. 257–73.

Davidson, L. 'Don't Panic, but We Could Be Running Out of Chocolate', sourced in 2017 from http://www.telegraph.co.uk/finance/newsby-sector/retailandconsumer/11236558/Dont-panic-but-we-could-be-running-out-of-chocolate.html (2014).

DeLong, D. M. 'Homoptera', sourced in 2017 from https://www.britannica.com/animal/homopteran#ref134267 (2014).

Financial Times, 'Edible Insects: Grub Pioneers Aim to Make Bugs Palatable', sourced in 2018 from https://www.ft.com/content/bc0e4526-ab8d-11e4-b05a-00144feab7de (2015).

Harpaz, I. 'Early Entomology in the Middle East', pp. 2136 in Smith, R. F., Mittler, T. E. & Smith, C. N. (Eds) *History of Entomology*, Annual Review, Palo Alto, California, (1973).

Hogendoorn, K., Bartholomaeus, F. & Keller, M. A. 'Chemical and Sensory Comparison of Tomatoes Pollinated by Bees and by a Pollination Wand', *Journal of Economic Entomology* 103 (2010), pp. 1286–92.

Hornetjuice.com. 'About Hornet juice', sourced in 2017 from https://www.hornetjuice.com/what/

Isack, H. A. & Reyer, H. U. 'Honeyguides and Honey Gatherers: Interspecific Communication in a Symbiotic Relationship', *Science* 243 (1989), pp. 1343–6.

Klatt, B. K., Holzschuh, A., Westphal, C. et al. 'Bee Pollination Improves

Crop Quality, Shelf Life and Commercial Value', *Proceedings of the Royal Society B: Biological Sciences* 281 (2014).

Klein, A.-M., Steffan-Dewenter, I. & Tscharntke, T. 'Bee Pollination and Fruit Set of Coea arabica and C. canephora (Rubiaceae)', *American Journal of Botany* 90 (2003), pp. 153-7.

Lomsadze, G. 'Report: Georgia Unearths the World's Oldest Honey', sourced in 2017 from http://www.eurasianet.org/ node/65204 (2012).

Ott, J. 'The Delphic Bee: Bees and Toxic Honeys as Pointers to Psychoactive and other Medicinal Plants', *Economic Botany* 52 (1998), pp. 260-66.

Spottiswoode, C. N., Begg, K. S. & Begg, C. M. 'Reciprocal Signaling in Honeyguide-Human Mutualism', *Science* 353 (2016), pp. 387-9.

Språkrådet. 'Språklig insekt i mat', sourced in 2017 from http://www.sprakradet.no/Vi-og-vart/Publikasjoner/Spraaknytt/spraknytt-2015/spraknytt-12015/spraklig-insekt-i-mat/ (2015).

Totland, Ø., Hovstad, K. A., Ødegaard, F. & Åström, J. 'Kunnskapsstatus for insektpollinering i Norge betydningen av det komplekse samspillet mellom planter og insekter', Artsdatabanken, Norge (2013).

Wotton, R. 'What Was Manna?' *Opticon1826* 9 (2010).

6장 — 삶과 죽음의 윤회: 관리자 곤충

Barton, D. N., Vågnes Traaholt, N., Blumentrath, S. & Reinvang, R. 'Naturen i Oslo er verdt milliarder. Verdsetting av urbane kosystemtjenester fra grønnstruktur', *NINA Rapport* 1113, 21 pages (2015).

Cambefort, Y. 'Le scarabée dans l'Égypte ancienne. Origine et signification du symbole', *Revue de l'histoire des religions* 204 (1987), pp. 3-46.

Dacke, M., Baird, E., Byrne, M. et al. 'Dung Beetles Use the Milky Way for Orientation', *Current Biology* 23 (2013), pp. 298-300.

Direktoratet for naturforvaltning. 'Handlingsplan for utvalgt naturtype hule eiker', *DN Rapport* 1-2012. 80 pages. (2012).

Eisner, T. & Eisner, M. 'Defensive Use of a Fecal Thatch by a Beetle Larva (Hemisphaerota cyanea)', *Proceedings of the National Academy of Sciences of the United States of America* 97 (2000), pp. 2632-6.

Evju, M. (red.), Bakkestuen, V., Blom, H. H., Brandrud, T. E., Bratli, & H. N. B., Sverdrup-Thygeson, A. & degaard, F. 'Oaser for artsmangfoldet hotspot-habitater for rdlistearter', *NINA Temahefte* 61, 48 pages (2015).

Goff, M. L. *A Fly for the Prosecution: How Insect Evidence Helps Solve Crimes*, Harvard University Press, Cambridge, Mass., 2001.

Gough, L. A., Birkemoe, T. & Sverdrup-Thygeson, A. 'Reactive Forest Management Can Also Be Proactive for Wood-living Beetles in Hollow Oak Trees', *Biological Conservation* 180 (2014), pp. 75-83.

Jacobsen, R. M. 'Saproxylic insects influence community assembly and succession of fungi in dead wood', PhD thesis, Norwegian University of Life Sciences (2017).

Jacobsen, R. M., Birkemoe, T. & Sverdrup-Thygeson, A. 'Priority Effects of Early Successional Insects Influence Late Successional Fungi in Dead Wood', *Ecology and Evolution* 5 (2015), pp. 4896-4905.

Jones, R. *Call of Nature: The Secret Life of Dung*. Pelagic Publishing, Exeter, UK, 2017.

Ledford, H. 'The Tell-Tale Grasshopper. Can Forensic Science Rely on the Evidence of Bugs?' http://www.nature.com/ news/2007/070619/full/ news070618-5.html (2007).

McAlister, E. *The Secret Life of Flies*, Natural History Museum, London, 2017.

Parker, C. B. 'Buggy: Entomology Prof Helps Unravel Murder', sourced in 2017 from https://www.ucdavis.edu/news/buggyentomology-prof-helps-unravel-murder (2007).

Pauli, J. N., Mendoza, J. E., Steffan, S. A. et al. 'A Syndrome of Mutualism Reinforces the Lifestyle of a Sloth', *Proceedings of the Royal Society B: Biological Sciences* 281 (2014).

Pilskog, H. 'Effects of Climate, Historical Logging and Spatial Scales on Beetles in Hollow Oaks', PhD thesis, Norwegian University of Life Sciences (2016).

Savage, A. M., Hackett, B., Guénard, B. et al. 'Fine-Scale Heterogeneity across Manhattan's Urban Habitat Mosaic Is Associated with Variation in Ant Composition and Richness', *Insect Conservation and Diversity* 8 (2015), pp. 216-28.

Storaunet, K. O. & Rolstad, J. 'Mengde og utvikling av død ved produktiv skog i Norge. Med basis i data fra Landsskogtakseringens 7. (1994-1998) og 10. takst (201013). Oppdragsrapport 06/2015, Norsk institutt for skog og landskap, Ås (2015).

Strong, L. 'Avermectins a Review of their Impact on Insects of Cattle Dung', *Bulletin of Entomological Research*, 82 (1992), pp. 265-74.

Suutari, M., Majaneva, M., Fewer, D. P. et al. 'Molecular Evidence for a Diverse Green Algal Community Growing in the Hair of Sloths and a Specific Association with *Trichophilus welckeri* (Chlorophyta, Ulvophyceae)', BMC *Evolutionary Biology* 10 (2010), p. 86.

Sverdrup-Thygeson, A., Brandrud T. E. (red.), Bratli, H. et al. 'Hotspots naturtyper med mange truete arter. En gjennomgang av Rødlista for arter 2010 i forbindelse med ARKO-prosjektet', *NINA Rapport* 683, 64 pages (2011).

Sverdrup-Thygeson, A., Skarpaas, O., Blumentrath, S. et al. 'Habitat Connectivity Affects Specialist Species Richness More Than Generalists in Veteran Trees', *Forest Ecology and Management* 403 (2017), pp. 96-102.

Sverdrup-Thygeson, A., Skarpaas, O. & Odegaard, F. 'Hollow Oaks and Beetle Conservation: the Significance of the Surroundings', *Biodiversity and Conservation* 19 (2010), pp. 837-52.

Vencl, F. V., Trillo, P. A. & Geeta, R. 'Functional Interactions Among Tortoise Beetle Larval Defenses Reveal Trait Suites and Escalation', *Behavioral Ecology and Sociobiology* 65 (2011), pp. 227-39.

Wall, R. & Beynon, S. 'Area-wide Impact of Macrocyclic Lactone Parasiticides in Cattle Dung', *Medical and Veterinary Entomology* 26 (2012), pp. 1-8.

Welz, A. 'Bird-killing Vet Drug Alarms European Conservationists', sourced in 2017 from https://www.theguardian.com/environment/nature-up/2014/mar/11/birdkilling-vet-drug-alarms-european-conservationists (2014).

Youngsteadt, E., Henderson, R. C., Savage, A. M. et al. 'Habitat and Species Identity, not Diversity, Predict the Extent of Refuse Consumption by

Urban Arthropods', *Global Change Biology* 21 (2015), pp. 1103-15.

Ødegaard, F., Hansen, L. O. & Sverdrup-Thygeson, A. 'Dyremøkk et hotspot-habitat. Sluttrapport under ARKO-prosjektets periode II', *NINA Rapport* 715, 42 pages, (2011).

Ødegaard, F., Sverdrup-Thygeson, A., Hansen, L. O. et al. 'Kartlegging av invertebrater i fem hotspot-habitattyper. Nye norske arter og rdlistearter 20042008', *NINA Rapport* 500, 102 pages (2009).

7장 — 비단에서 셸락까지: 곤충 산업

Andersson, M., Jia, Q., Abella, A. et al. 'Biomimetic Spinning of Artificial Spider Silk from a Chimeric Minispidroin', *Nature Chemical Biology* 13 (2017) pp. 262-4.

Apéritif.no. 'De nødvendige tanninene', sourced in 2017 from https://www.aperitif.no/artikler/de-nodvendige-tanninene/169203 (2014).

Bower, C. F. 'Mind Your Beeswax', sourced in 2017 from https://www.catholic.com/magazine/print-edition/mindyour- beeswax (1991).

Copeland, C. G., Bell, B. E., Christensen, C. D. & Lewis, R. V. 'Development of a Process for the Spinning of Synthetic Spider Silk', *ACS Biomaterials Science &Engineering* 1 (2015), pp. 577-84.

Europalov.no. 'Tilsetningsforordningen: endringsbestemmelser om bruk av stoffer på eggeskall', sourced in 2017 from http://europalov.no/rettsakt/tilsetningsforordningenendringsbestemmelser -om-bruk-av- stoffer-pa-eggeskall/ id-5444 (2013).

Fagan, M. M. 'The Uses of Insect Galls', *The American Naturalist* 52 (1918), pp. 155-76.

Food and Agriculture Organization of the United Nations. 'FAO STATS: Live Animals', sourced in 2017 from http://www.fao.org/faostat/en/#-data/QA

International Sericultural Commission (ISC), 'Statistics', sourced in 2017 from http://inserco.org/en/statistics

Koeppel, A. & Holland, C. 'Progress and Trends in Artificial Silk Spinning: A Systematic Review', *ACS Biomaterials Science & Engineering* 3 (2017), pp. 226-37, 10.1021/acsbiomaterials. 6b00669.

Lovdata. 'Forskrift om endring i forskrift om tilsetningsstoffer til nring-smidler', sourced in 2017 from https://lovdata.no/dokument/LTI/for-skrift/2013-05-21-510 (2013).

Oba, Y. 2014. 'Insect Bioluminescence in the Post-Molecular Biology Era', *Insect Molecular Biology and Ecology*, CRC Press (2013), pp. 94-120.

Osawa, K., Sasaki, T. & Meyer-Rochow, V. 'New Observations on the Biology of Keroplatus nipponicus Okada 1938 (Diptera; Mycetophiloi-dea; Keroplatidae), a Bioluminescent Fungivorous Insect', *Entomologie Heute* 26 (2014), pp. 139-49.

Ottesen, P. S. 'Om gallveps (Cynipidae) og jakten på det forsvunne blekk', *Insekt-nytt* 25 (2000).

Rutherford, A. 'Synthetic Biology and the Rise of the Spidergoats', sourced in 2017 from https://www.theguardian.com/science/2012/jan/14/syn-thetic-biology-spider-goatgenetics (2012).

Seneca the Elder, Latin text and translations, Seneca the Elder, *Excerpta Controversiae* 2.7, sourced in 2017 from http://perseus.uchicago.edu/

세상에 나쁜 곤충은 없다

perseus-cgi/citequery3.pl?dbname=LatinAugust2012&getid=0&query
=Sen.%20 Con.%20ex.%202.7

Shah, T. H., Thomas, M. & Bhandari, R. 'Lac Production, Constraints and Management - a Review', *International Journal of Current Research* 7 (2015), pp. 13652-9.

Sutherland, T. D., Young, J. H., Weisman, S. et al. 'Insect Silk: One Name, Many Materials', *Annual Review of Entomology* 55 (2010), pp. 171-88.

Sveriges lantbruksuniversitet. 'Spinning Spider Silk Is Now Possible', sourced in 2017 from http://www.slu.se/en/ewnews/ 2017/1/spinning-spider-silk-is-now-possible/ (2017).

Tomasik, B. 'Insect Suffering from Silk, Shellac, Carmine, and Other Insect Products', sourced in 2017 from http:// reducing-suffering.org/insect-suffering-silk-shellac-carmineinsect- products/ (2017).

Wakeman, R. J., 2015. 'The Origin and Many Uses of Shellac', sourced in 2017 from https://www.antiquephono.org/theorigin-many-uses-of-shellac-by-r-j-wakeman/

Zinsser & Co. 'The Story of Shellac', sourced in 2017 from http:// www.zinsseruk.com/core/wp-content/uploads/2016/12/Story-of-shellac.pdf, Somerseth, NJ (2003).

8장 — 구원자, 개척자, 노벨상 수상자: 곤충에서 영감을 얻은 사람들

Aarnes, H. 'Biomimikry', sourced in 2017 from https://snl.no/ Biomimikry (2016).

Alnaimat, S. 'A Contribution to the Study of Biocontrol Agents, Apitherapy

and Other Potential Alternative to Antibiotics', PhD thesis, University
of Sheeld (2011).

Amdam, G. V. & Omholt, S. W. 'The Regulatory Anatomy of Honeybee
Lifespan', *Journal of Theoretical Biology* 216 (2002), pp. 209-28.

Arup.com. 'Eastgate Development, Harare, Zimbabwe' sourced in 2017
from https://web.archive.org/web/20041114141220/http://www.arup.
com/feature.cfm?pageid=292

Bai, L., Xie, Z., Wang, W. et al. 'Bio-Inspired Vapor-Responsive Colloi-
dal Photonic Crystal Patterns by Inkjet Printing', *ACS Nano* 8 (2014),
11094-100.

Baker, N., Wolschin, F. & Amdam, G. V. 'Age-Related Learning Deficits Can
Be Reversible in Honeybees Apis mellifera', *Experimental Gerontology*
47 (2012), pp. 764-72.

BBC News. 'India Bank Termites Eat Piles of Cash', sourced in 2017 from
http://www.bbc.com/news/world-south-asia- 13194864 (2011).

Bombelli, P., Howe, C.J. & Bertocchini, F. 'Polyethylene Biodegradation by
Caterpillars of the Wax Moth *Galleria mellonella*', *Current Biology* 27:
pp. R292-3 (2017).

Carville, O. 'The Great Tourism Squeeze: Small Town Tourist Destinations
Buckle under Weight of New Zealand's Tourism Boom', sourced in
2017 from http://www.nzherald.co.nz/nz/news/article.cfm?c_id=1&-
objectid=11828398 (2017).

Chechetka, S. A., Yu, Y., Tange, M. & Miyako, E. 'Materially Engineered Ar-
tificial Pollinators', *Chem* 2: 224-39 (2017).

Christmann, B. 'Fly on the Wall. Making Fly Science Approachable for

Everyone', sourced in 2017 from http://blogs.brandeis.edu/flyonthe wall/list-of-posts/

Cornette, R. & Kikawada, T. 'The Induction of Anhydrobiosis in the Sleeping Chironomid: Current Status of our Knowledge', *IUBMB Life* 63 (2011), pp. 419-29.

Dirafzoon, A., Bozkurt, A. & Lobaton, E. 'A Framework for Mapping with Biobotic Insect Networks: From Local to Global Maps', *Robotics and Autonomous Systems* 88 (2017), pp. 79-96.

Doan, A. 'Biomimetic architecture: Green Building in Zimbabwe Modeled After Termite Mounds', sourced in 2017 from http://inhabitat.com/ building-modelled-on-termites-eastgate-centre-in-zimbabwe/ (2012).

Drew, J. & Joseph, J. *The Story of the Fly: And How it Could Save the World*, Cheviot Publishing, Country Green Point, South Africa, 2012.

Dumanli, A. G. & Savin, T. 'Recent Advances in the Biomimicry of Structural Colours', *Chemical Society Reviews* 45 (2016), pp. 6698-724.

Fernández-Marín, H., Zimmerman, J. K., Rehner, S. A. & Wcislo, W. T. 'Active Use of the Metapleural Glands by Ants in Controlling Fungal Infection', *Proceedings of the Royal Society B: Biological Sciences* 273 (2006), pp. 1689-95.

Google Patenter. 'Infrared sensor systems and devices', sourced in 2017 from https://www.google.com/patents/US7547886

Haeder, S., Wirth, R., Herz, H. & Spiteller, D. 'Candicidin- Producing Streptomyces Support Leaf-Cutting Ants to Protect Their Fungus Garden Against the Pathogenic Fungus *Escovopsis*', *Proceedings of the National*

Academy of Sciences, 106 (2009), pp. 4742-6.

Hamedi, A., Farjadian, S. & Karami, M. R. 'Immunomodulatory Properties of Trehala Manna Decoction and its Isolated Carbohydrate Macromolecules', *Journal of Ethnopharmacology* 162 (2015), pp. 121-6.

Horikawa, D. D. 'Survival of Tardigrades in Extreme Environments: A Model Animal for Astrobiology', in Altenbach, A. V., Bernhard, J. M. & Seckbach, J. (red.), *Anoxia: Evidence for Eukaryote Survival and Paleontological Strategies*. Springer Netherlands, Dordrecht (2012), pp. 205-17.

Hölldobler, B. & Engel-Siegel, H. 'On the Metapleural Gland of Ants', *Psyche* 91 (1984), pp. 201-24.

King, H., Ocko, S. & Mahadevan, L. 'Termite Mounds Harness Diurnal Temperature Oscillations for Ventilation', *Proceedings of the National Academy of Sciences* 112 (2015), pp. 11589-93.

Ko, H. J., Youn, C. H., Kim, S. H. & Kim, S. Y. 'Effect of Pet Insects on the Psychological Health of Community-dwelling Elderly People: A Single-blinded, Randomized, Controlled Trial', *Gerontology* 62 (2016), pp. 200-9.

Kuo, F. E. & Sullivan, W. C. 'Environment and Crime in the Inner City: Does Vegetation Reduce Crime?' *Environment and Behavior* 33 (2001), pp. 343-67.

Kuo, M. 'How Might Contact with Nature Promote Human Health? Promising Mechanisms and a Possible Central Pathway', *Frontiers in Psychology* 6 (2015).

Liu, F., Dong, B. Q., Liu, X. H. et al. 'Structural Color Change in Longhorn Beetles *Tmesisternus isabellae*', *Optics Express* 17 (2009), pp. 16183-

91.

McAlister, E. *The Secret Life of Flies*, Natural History Museum, London, 2017.

North Carolina State University. 'Tracking the Movement of Cyborg Cock-roaches', sourced in 2017 from https://www.eurekalert.org/pub_re-leases/2017-02/ncsu-ttm022717.php (2017).

Novikova, N., Gusev, O., Polikarpov, N. et al. 'Survival of Dormant Organ-isms After Long-term Exposure to the Space Environment', *Acta Astro-nautica* 68 (2011), pp. 1574-80.

Pinar. 'Entire Alphabet Found on the Wing Patterns of Butterflies', sourced in 2017 from http://mymodernmet.com/kjell-bloch-sandved-butter-fly-alphabet/ (2013).

Ramadhar, T. R., Beemelmanns, C., Currie, C. R. & Clardy, J. 'Bacterial Sym-bionts in Agricultural Systems Provide a Strategic Source for Antibiotic Discovery', *The Journal of Antibiotics* 67 (2014), pp. 53-8.

Rance, C. 'A Breath of Maggoty Air', sourced in 2017 from http://thequack-doctor.com/index.php/a-breath-of-maggotyair/ (2016).

Sleeping Chironomid Research Group. 'About the Sleeping Chironomid', sourced in 2017 from http://www.naro.affrc.go.jp/archive/nias/anhy-drobiosis/Sleeping%20Chironimid/e-about-yusurika.html

Sogame, Y. & Kikawada, T. 'Current Findings on the Molecular Mecha-nisms Underlying Anhydrobiosis in *Polypedilum vanderplanki*', *Cur-rent Opinion in Insect Science* 19 (2017), pp. 16-21.

Sowards, L. A., Schmitz, H., Tomlin, D. W. et al. 'Characterization of Bee-tle *Melanophila acuminata* (Coleoptera: Buprestidae) Infrared Pit Organs by High-Performance Liquid Chromatography/Mass Spectrometry, Scanning Electron Microscope, and Fourier Transform-Infra-red Spectroscopy', *Annals of the Entomological Society of America* 94 (2001), pp. 686-94.

Van Arnam, E. B., Ruzzini, A. C., Sit, C. S. et al. 'Selvamicin, an Atypical Anti-fungal Polyene from Two Alternative Genomic Contexts', *Proceedings of the National Academy of Sciences of the United States of America* 113 (2016), pp. 12940-45.

Wainwright, M., Laswd, A. & Alharbi, S. 'When Maggot Fumes Cured Tuber-culosis', *Microbiologist March* 2007 (2007), pp. 33-5.

Watanabe, M. 'Anhydrobiosis in Invertebrates', *Applied Entomology and Zoology* 41 (2006), pp. 15-31.

Whitaker, I. S., Twine, C., Whitaker, M. J. et al. 'Larval Therapy from Antiqui-ty to the Present Day: Mechanisms of Action, Clinical Applications and Future Potential', *Postgraduate Medical Journal* 83 (2007), pp. 409-13.

Wilson, E. O. *Biophilia*, Harvard University Press, Cambridge, Mass, 1984.

World Economic Forum, Ellen MacArthur Foundation and McKinsey & Company. 2016. 'The New Plastics Economy Rethinking the Future of Plastics', sourced in 2017 from https://www.ellenmacarthurfounda-tion.org/assets/downloads/EllenMacArthurFoundation_TheNewPlas-ticsEconomy_Pages.pdf

Yang, Y., Yang, J., Wu, W. M. et al. 'Biodegradation and Mineralization of Polystyrene by Plastic-Eating Mealworms: Part 1. Chemical and Physi-cal Characterization and Isotopic Tests', *Environmental Science&Tech-nology* 49 (2015), pp. 1208086.

Yates, D. (2009). 'The Science Suggests Access to Nature Is Essential to

세상에 나쁜 곤충은 없다

Human Health', sourced in 2017 from https://news.illinois.edu/blog/
view/6367/206035

Wodsedalek, J. E. 'Five Years of Starvation of Larvae', *Science* 1189 (1917),
pp. 366-7, http://science.sciencemag.org/ content/46/1189/366

Zhang, C.-X., Tang, X.-D. & Cheng, J.-A. 'The Utilization and Industrializa-
tion of Insect Resources in China', *Entomological Research* 38 (2008),
pp. S38-S47.

9장 — 곤충 대 인간, 그다음은?

Brandt, A., Gorenflo, A., Siede, R. et al. 'The Neonicotinoids Thiacloprid,
Imidacloprid, and Clothianidin A_ect the Immunocompetence of Hon-
eybees (*Apis mellifera L.*)', *Journal of Insect Physiology* 86 (2016), pp.
40-7.

Byrne, K. & Nichols, R. A. 'Culex pipiens in London Underground Tun-
nels: Differentiation Between Surface and Subterranean Populations',
Heredity 82 (1999), 7-15.

Dirzo, R., Young, H. S., Galetti, M. et al. 'Defaunation in the Anthropocene',
Science 345 (2014), pp. 401-6.

Dumbacher, J. P., Wako, A., Derrickson, S. R. et al. 'Melyrid Beetles (Cho-
resine): A Putative Source for the Batrachotoxin Alkaloids Found in
Poison-Dart Frogs and Toxic Passerine Birds', *Proceedings of the Na-
tional Academy of Sciences of the United States of America* 101 (2004),
pp. 15857-60.

Follestad, A. 'Effekter av kunstig nattbelysning p naturmangfoldet en litteraturstudie', *NINA Rapport* 1081. 89 pages (2014).

Forbes, A. A., Powell, T. H. Q., Stelinski, L. L. et al. 'Sequential Sympatric Speciation across Trophic Levels', *Science* 323 (2009), pp. 776-9.

Garibaldi, L. A., Steffan-Dewenter, I., Winfree, R. et al. 'Wild Pollinators Enhance Fruit Set of Crops Regardless of Honeybee Abundance', *Science* 339 (2013), pp. 1608-11.

Gough, L. A., Sverdrup-Thygeson, A., Milberg, P. et al. 'Specialists in Ancient Trees Are More Affected by Climate than Generalists', *Ecology and Evolution* 5 (2015), pp. 5632-41.

Goulson, D. 'Review: An Overview of the Environmental Risks Posed by Neonicotinoid Insecticides', *Journal of Applied Ecology* 50 (2013), pp. 977-87.

Hallmann, C. A., Sorg, M., Jongejans, E. et al. 'More Than 75 Per Cent Decline Over 27 Years in Total Flying Insect Biomass in Protected Areas', *PLOS ONE* 12 (2017), e0185809.

IPBES. 'Summary for Policymakers of the Assessment Report of the Intergovernmental Science-Policy Platform on Biodiversity and Ecosystem Services on Pollinators, Pollination and Food Production', Secretariat of the Intergovernmental Science-Policy Platform on Biodiversity and Ecosystem Services, Bonn, Germany (2016).

McKinney, M. L. 'High Rates of Extinction and Threat in Poorly Studied Taxa', *Conservation Biology* 13 (1999), pp. 1273-81.

Morales, C., Montalva, J., Arbetman, M. et al. 2016. '*Bombus dahlbomii*. The IUCN Red List of Threatened Species 2016: e.T21215142A100240441', sourced in 2017 from http://dx.doi.org/10.2305/IUCN.UK.2016-3.RLT

세상에 나쁜 곤충은 없다

Myers, C. W., Daly, J. W. & Malkin, B. 'A Dangerously Toxic New Frog (Phyllobates) Used by Embera Indians of Western Colombia with Discussion of Blowgun Fabrication and Dart Poisoning', *Bulletin of the American Museum of Natural History* 161 (1978), pp. 307-66.

Pawson, S. M. & Bader, M. K. F. 'LED Lighting Increases the Ecological Impact of Light Pollution Irrespective of Color Temperature', *Ecological Applications* 24 (2014), pp. 1561-8.

Rader, R., Bartomeus, I., Garibaldi, L. A. et al. 'Non-Bee Insects Are Important Contributors to Global Crop Pollination', *Proceedings of the National Academy of Sciences* 113 (2016), pp. 146-51.

Rasmont, P., Franzén, M., Lecocq, T. et al. 'Climatic Risk and Distribution Atlas of European Bumblebees', *BioRisk* 10 (2015).

Säterberg, T., Sellman, S. & Ebenman, B. 'High Frequency of Functional Extinctions in Ecological Networks', *Nature* 499 (2013), pp. 468-70.

Schwägerl, C. 'Vanishing Act. What's Causing the Sharp Decline in Insects, and Why It Matters', sourced in 2017 from https://e360.yale.edu/features/insect_numbers_declining_why_it_matters (2017).

Thoresen, S. B. 'Gendrivere magisk medisin eller villfaren vitenskap?' sourced in 2017 from http://www. bioteknologiradet.no/2016/06/gen -drivere-magisk-medisineller-villfaren-vitenskap/ (2016).

Thoresen, S. B. & Rogne, S. 'Vi kan n genmodifisere mygg s vi kanskje kvitter oss med malaria for godt', sourced in 2017 from https://www. aftenposten.no/viten/i/4m9o/Vi-kan-nagenmodifisere-mygg-sa-vi-kanskje-kvitter-oss-med-malariafor-godt (2015).

Tsvetkov, N., Samson-Robert, O., Sood, K. et al. 'Chronic Exposure to Neonicotinoids Reduces Honeybee Health near Corn Crops', *Science* 356 (2017), p. 1395.

Vindstad, O. P. L., Schultze, S., Jepsen, J. U. et al. 'Numerical Responses of Saproxylic Beetles to Rapid Increases in Dead Wood Availability following Geometrid Moth Outbreaks in Sub-Arctic Mountain Birch Forest', *PLOS ONE* 9 (2014).

Vogel, G. 'Where Have All the Insects Gone?' sourced in 2017 from http://www.sciencemag.org/news/2017/05/where-haveall-insects-gone (2017).

Wiggins, Glenn B. (19272013). http://www.zobodat.at/biografien/Wiggins_Glenn_B_BRA_42_0004-0008.pdf

Wilson, E. O. 'The Little Things That Run the world (The Importance and Conservation of Invertebrates)', *Conservation Biology* 1 (1987), pp. 344-6.

Woodcock, B. A., Bullock, J. M., Shore, R. F. et al. 'Countryspecific Effects of Neonicotinoid Pesticides on Honeybees and Wild Bees', *Science* 356 (2017), p. 1393.

Zeuss, D., Brandl, R., Brndle, M. et al. 'Global Warming Favours Light-coloured Insects in Europe', *Nature Communications* 5 (2014), Article No. 3874.

찾아보기

세상에 나쁜 곤충은 없다

세상에 나쁜 곤충은 없다

세상에 나쁜 곤충은 없다

초판 1쇄 발행 2019년 12월 16일
초판 3쇄 발행 2023년 10월 30일

지은이 안네 스베르드루프-튀게손 **옮긴이** 조은영
발행인 이재진 **단행본사업본부장** 신동해
편집장 김경림 **책임편집** 이민경
디자인 데시그 **교정교열** 강진홍
마케팅 최혜진 이은미 **홍보** 반여진 허지호 정지연 송임선
국제업무 김은정 **제작** 정석훈

브랜드 웅진지식하우스
주소 경기도 파주시 회동길 20
문의전화 031-956-7430(편집) 02-3670-1123(마케팅)
홈페이지 www.wjbooks.co.kr
인스타그램 www.instagram.com/woongjin_readers
페이스북 www.facebook.com/woongjinreaders
블로그 blog.naver.com/wj_booking

발행처 ㈜웅진씽크빅
출판신고 1980년 3월 29일 제406-2007-000046호

한국어판 출판권 ⓒ ㈜웅진씽크빅, 2019
ISBN 978-89-01-23886-9 03490